I have been working as a trusted Investment Advisor in Cambodia for the last 20 years. During this period, I spearheaded various private equity projects and assisted in many venture capital funds, including private family offices to close competitive investment opportunities and helped foreign companies to set up operations in Cambodia. For instance, Goldfame Group, the largest Hong Kong investor in Cambodia with various business lines from manufacturing to real estate development.
過去 20 年，我一直在柬埔寨擔任信託投資顧問。當時，我主導過各種私募股權投資項目，協助許多創業投資基金包括為私人家族辦公室取得競爭激烈的投資機會，並幫助外資公司在柬埔寨開展業務，例如金鑁集團——柬埔寨最大的香港投資者，業務遍及製造業和房地產發展等。

I have years of experience and specialization in securing public-private partnerships targeted towards accelerating economic development in Cambodia and possess exceptional working knowledge of local laws, practices and customs necessary to ensure the successful development of international projects and investments.
與公營或私營伙伴合作方面，我擁有多年的經驗和專業知識，並通曉本地法律、運作和習俗，足以確保國際項目和投資得以成功發展。

With the experience and knowledge of the local business environments, policies, laws of myself and other board members of Cambodia Chinese Commerce Association, we are ready and confident to assist you with any inquiry you may have regarding investment opportunities as well as setting up your branch expansion and operations in the country.
憑藉我和柬埔寨華商總會其他董事會成員對本地商業環境、政策、法律的經驗和知識，我們有信心隨時幫助您解決有關投資的任何諮詢，以及在國內建立、擴展和營運您的分公司。

Norodom

H.R.H Prince Norodom Narithipong
Honorary Chairman of CCCA
Norodom Narithipong 王子殿下
柬埔寨華商總會榮譽會長
(柬埔寨國王的姪兒)

Honorary Chairlady's Message
榮譽會長的話

Princess Ermine De Rose NORODOM
Honorary Chairlady of CCCA
Founder of Shanty Town Spirit Ermine Norodom Association
埃爾明·德·羅斯·諾羅敦王妃
柬埔寨華商總會榮譽會長
Shanty Town Spirit Ermine Norodom Association 創辦人
(Norodom Narithipong王子之妻子)

Cambodia is one of the fastest-growing Southeast Asia countries. It has enjoyed a stable GDP increase of 7% annually in the past ten years thanks to the trade privileges granted by its major trading partners across the globe, including China, Japan, UK, EU and the United States and its flexible investment laws allowing foreign companies and prospective entrepreneurs to set up operations in the country quickly and easily.
柬埔寨是東南亞發展最快的國家之一。感謝全球主要的貿易伙伴包括中國、日本、英國、歐盟和美國授予貿易特權，使柬埔寨的國內生產總值(GDP) 在過去十年每年都穩定地有7%增長。加上靈活的投資法規，讓外國公司和准企業家能快速容易地來到柬埔寨設立辦事處。

Cambodia is indeed the best investment destination in Asia. The country's newly signed Free Trade Agreement with China, the European's Everything But Arms (EBA) Initiative and the Generalized System of references (GSP) of the United States allow Cambodia to access the world's biggest markets with tariff-free exports due to its status as a "Least Developed Country."
柬埔寨確實是亞洲最好的投資地方，剛與中國簽署了自由貿易協定。由於柬埔寨是一個「最低度發展國家」，得到歐洲「除武器外一切都行(EBA)」協議和美國的普惠制(GSP)待遇，使柬埔寨的產品可以免關稅出口到世界各大市場。

Cambodia's investment opportunities and potential have attracted many direct invesments into booming sectors such as garment manufacturing, agriculture, food processing,tourism and real estate .
柬埔寨充滿投資機會和潛力，吸引了很多資金直接投資到已蓬勃發展的行業，例如服裝製造、農業、食品加工、房地產和旅遊業。

For me, Cambodia is steeped in love, culture and kindness. It was one of the first few countries outside of Europe I traveled to. I first came to Cambodia with my best friend in the 90s. On my adventures, I met H.R.H Prince NORODOM Narithipong. It was love at first sight. We got married inside the Royal Palace in October 2003, officiated by the late King Father Norodom Sihanouk.
於我而言，柬埔寨是一個充滿了愛、文化和善良的國度。她是我除了歐洲外首幾個曾經遊歷的國家。我第一次來柬埔寨是在 90 年代，和我最要好的朋友在一起。在旅程中，我遇到了 NORODOM Narithipong 王子殿下。我倆一見鍾情，在 2003 年 10 月在皇宮內結婚，並由已故太王諾羅敦·西哈努克主婚。

When my husband proposed that we move to Cambodia because he wished to give back to and help build his country, I happily agreed. Since then, we have made Cambodia our home with our two beautiful children. We began with businesses, running a boutique and clothing store in an effort to bring French design and high-quality hospitality to Cambodia.
我丈夫希望回饋和幫助建設他的國家，當他提議返回柬埔寨時，我欣然同意了。自此我們帶著兩個漂亮的孩子，以柬埔寨為家，開展我們的事業，經營一家精品店和服裝店，努力將法式設計和好客之道帶來柬埔寨。

The Cambodian royal family has had a special relationship with China for many years through the late King Norodom Sihanouk's connection with Chinese leaders.This relationship continues between His Majesty Preah Bat Samdech Preah Bâromneath NORODOM Sihamoni, King of Cambodia and President Xi Jinping of The People's Republic of China.
憑藉已故國王諾羅敦·西哈努克與中國領導人的交情，多年以來柬埔寨王室與中國都維持著良好的關係。而柬埔寨國王諾羅敦·西哈莫尼陛下(Preah Bat Samdech Preah Bâromneath NORODOM Sihamoni)與中華人民共和國習近平主席將延續這份情誼。

As a board member of the Cambodia Chinese Chamber of Commerce (CCCA), I am delighted to present to you this helpful guide highlighting essential information about Cambodia. We are happy to answer all your inquiries and help you every step of the way in setting up your company or doing business in Cambodia.
作為柬埔寨華商總會 (CCCA) 的董事會成員，我很高興向您們展示這本重點介紹柬埔寨基本信息的指南。我們也很樂意回答您們所有的查詢，並為您們在柬埔寨設立公司或開展業務時提供協助。

Ermine De Rose NORODOM

Norodom

Honorary Chairlady of CCCA
埃爾明·德·羅斯·諾羅敦王妃
柬埔寨華商總會榮譽會長
(Shanty Town Spirit Ermine Norodom Association 創辦人
Norodom Narithipong王子之妻子)

榮譽會長的話

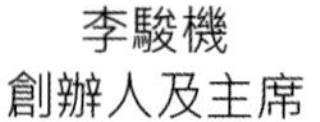

李駿機
創辦人及主席

陳潔盈
創辦人及執行董事

金鑾集團地產項目【首都·國金】
柬埔寨華商總會榮譽會長

過去二十年，柬埔寨以GDP平均增速超過7%的發展節奏，華麗轉身成為新的「淘金聖地」。在這個機遇和挑戰並存的國度，永久產權、無外匯管制是支撐它蓬勃發展的重要因素。目前，在眾多投資客中，有超過21萬華人在柬埔寨長期居住和經商，不遺餘力地推助柬埔寨經貿發展。

作為華人企業家，我們深知時代賦予我們的責任非比尋常。

在徵得柬埔寨王國政府的准許及支援後，我們創立了「柬埔寨華人總商會」，該協會旨在為全柬埔寨，乃至全世界的華人提供一個廣闊的舞台，促進中外企業交流、對話與協作。為全球華人「出海」提供務實與高效的指導，以及一個融匯貫通的資訊交流平台，助力全球華人在柬埔寨乃至世界更安全、更便捷的發展。當然也非常榮幸得到柬埔寨埃爾明·諾羅敦王子妃的認可和支援。

和眾多剛剛出海或者即將出海的企業相比，我們領導的金鑾集團在柬埔寨深耕將近30載，在當地已擁有豐富的商業運營經驗和廣泛的人脈。從1996年至今，金鑾發展的步伐始終與國家戰略同頻，在紡織製造業、地產開發業、農業、金融信託業等諸多領域都留下了獨特的印記，產業遍及柬埔寨各大省市，已成為柬埔寨首屈一指的港資投資集團。

左右齊心者強，上下同欲者勝。新的發展機遇面前，前行是一個人一個民族乃至一個國家應有的姿態。讓我們行動起來，精誠團結，攜手共進，為更好地拓展我們的事業，實現更大人生價值而共同建設我們新的家園。

李駿機　　　　陳潔盈

創辦人及主席　　創辦人及執行董事

金鑾集團地產項目【首都．國金】

柬埔寨華商總會榮譽會長

榮譽副會長的話

Jacky Leung

柬埔寨華商總會成立伊始，華人齊心，商務興旺是我們的願景。承蒙Norodom Narithipong 王子殿下伉儷跟我們志同道合，加入我們的董事會，樂意跟我們一起，為在柬埔寨經商工作的華人謀福祉，我們實在深感榮幸。謝謝朋友們的抬愛，讓我有機會服務大家，把我在柬埔寨工作30多年的經驗跟各位分享，好給打算去柬埔寨投資創業的朋友做個參考。

身為一個華人，要在他鄉建立自己的事業，人生地不熟，或多或少，總會碰上各種各樣的難題。這時，如果有些有經驗、同聲同氣的人從旁協助，授之以漁，您自然能少走許多彎路，而設立柬埔寨華商總會的目的，就是發揮守望相助的精神，使大家：前行亦有同路人；遇事可以並肩行。那麼，當大家要在柬埔寨創業，為自己的事業打拼，或者在外投資、開設公司等，遇上甚麼問題，都有個平台為您解決疑問、排難解憂，你自然就會順遂、安心許多。

自從2018年中美貿易戰開始後，我發現身邊不少做生意的朋友，特別是一些在內地設廠的，因為配額和關稅的優惠，都搬了去柬埔寨。現在，在柬埔寨長期居留的華人就多達110多萬，差不多是柬埔寨總人口的7%。近年，因為香港經歷各種社會事件，商界面對的衝擊就更為巨大了，特別是一些做飲食、零售或進出口生意的朋友，看到了柬埔寨經濟飛躍的發展，物流、基建的配套日趨完善，為了分散投資及風險，不少都在柬埔寨設立了分公司。我看到他們在柬埔寨的生意，近幾年都有很快速的增長。

過去兩年，全球經濟受「新冠疫情」重創，營商環境日趨嚴峻，面對變幻莫測的前景，百廢待興，商界的朋友就更辛苦了。幸好，香港人都有很強的適應能力，在柬埔寨經商的華人朋友，很多都能發揮華人孜孜不倦、自強不息、迎難而上的優點，把握柬埔寨大力推動電子支付、網上貿易的契機，擴展自己的生意。

加上，柬埔寨政府十分著力抗擊疫情，民眾也非常配合政府的政策，柬埔寨現在接近260萬人已經接種了疫苗，約佔總人口的15%，而超過93%的醫護人員都已接種疫苗。因為工廠是柬埔寨勞工最密集的地方，所以工人已被列為優先接種疫苗群組，據柬埔寨首相洪森在6月初透露，柬埔寨全國現有1500萬人口，政府已計劃在年底或明年第一季度，完成為全國1000萬至1300萬人口接種疫苗，以產生群體免疫效能，加速經濟復蘇的步伐。

過去十年，我曾參與過不同的商會，了解商界朋友的需要。我希望透過柬埔寨華商總會，聯繫各路菁英、匯聚人才，邀請不同行業的商家朋友，把力量集結起來，透過不同的商業活動及商務考察，讓多些商界朋友了解柬埔寨最新的發展，尋找到新的出路、好的商機，令生意蒸蒸日上，事業再創高峰。

Jacky Leung
柬埔寨華商總會榮譽副會長

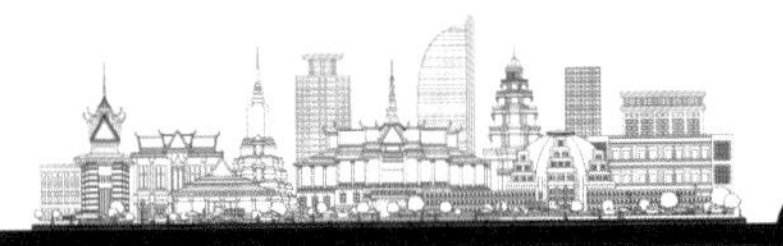

序

要早着先機必看此書

擁有卓越發展潛質的東南亞新興市場，近年經濟迅速發展。不但建基於國內豐富資源，更有賴穩定的政治環境，及合作無間的伙伴國家。

柬埔寨擁有豐富天然資源，包括黃金及石油，亦有豐富的水產資源，促使對外出口貿易十分蓬勃。加上基建發展迅速，2023年落成的國際機場更是世界九大機場之一。

經濟發展方面，自1993年開始，柬埔寨實行自由市場經濟。過去各樣利好因素，促使柬埔寨成為中國、英國、香港及日本等外資紛紛湧入投資的地區。這無疑證實了柬埔寨具有優厚的潛質。

柬埔寨與各國關係良好，由於近年來政治穩定發展，吸引了不少外資。在全世界疫情影響下，仍保持經濟正增長。

只要充分了解柬埔寨與中國、美國、日本等友好國家的貿易合作關係，不難得知此乃奠定柬埔寨經濟發展起飛的穩固基礎。

要早着先機，掌握前瞻性的投資機遇，必看此書。書中除了有助你了解柬埔寨的政治、經濟、歷史、地產及金融發展趨勢外，更是讓您掌握柬埔寨最新發展面貌的不二之選。

陳永陸(陸叔)
香港殿堂級股評家

一支最具發展潛力的股票

一般人聽到有朋友要去柬埔寨，都會以為好危險，因為柬埔寨以前久經戰亂，大家還以為它是一個非常落後的國家。

香港很少書本介紹柬埔寨，儘管去過旅行，也不一定熟悉當地發展，柬埔寨近年的經濟發展神速，通過這本書，大家可以更全面地認識柬埔寨的現況。當您知道現在金邊「打的」可以用Apps，買個麪包都有多種電子支付方式，網上貿易發展更是一日千里，不禁會為柬埔寨人終於苦盡甘來而感到驚喜。

更重要的是，柬埔寨的人口紅利非常高，超過60%是年青壯健的勞動人口，人口增長率更是東盟十國之冠。近10年柬埔寨的GDP平均升幅達7%或以上；出入口貿易享免關稅優惠待遇，營商環境相當理想。

證券貿易方面，柬埔寨證券交易所(Cambodia Securities Exchange，簡稱CSX)現已於金邊新推出了網上股票交易平台，透過流動交易系統(Mobile Trading System，簡稱MTS)，為證券投資者提供24小時網上交易服務。投資者可通過MTS即時查閱股票資訊。雖然CSX現在只有7家公司上市，成交額不大，2019年首季，CSX的日均成交額只有52,816美元，但較去年同期增幅差不多達1倍，相信當CSX網上交易系統運作後，定能改善柬埔寨的資本市場流動性，令整體成交量提升。今年初CSX宣布，新上市的公司可獲得企業所得稅減半優惠，為期3年，相信此舉必能吸引更多柬埔寨企業加速上市的步伐。

因此，我認為柬埔寨是一支最具發展潛力的股票，值得大家多加關心鑽研。而這本《柬埔寨營商投資攻略》，正是投資者好好了解柬埔寨近況的窗口。

郭思治
香港股票分析師協會副會長

主席的話

東埔寨華商總會創會主席
財富學院創辦人
James Fan

如果沒有親自到訪柬埔寨，很多人會認為柬埔寨是一個貧窮落後的國家，但真正到過柬埔寨，就會知道金邊是那麼的繁華和發展迅速。畢竟，昔日「東方小巴黎」這美譽並非虛名。

近二十年來，柬埔寨發生了翻天覆地的變化。2015年，國民仍處於中低收入狀態，但是預計到了2030年便達到中高收入狀態。在服裝出口和旅遊業的帶動下，柬埔寨經濟在1998至 2019年間保持7.7%的平均實際增長率，成為世界上增長最快的經濟體之一。
東盟成員國柬埔寨不僅是東南亞的中心，也是中國在「一帶一路」的橋頭堡；加上年輕勞動力的紅利、出口免稅待遇等一系列有利投資的政策，已經成為很多企業分散及擴展生產基地的戰略據點。

柬埔寨擁有良好的營商環境，一是當地政局穩定，二是柬埔寨是東南亞唯一使用美元結算的國家，不受外匯管制，匯率風險低。當地人口平均年齡27歲，勞動力充足，人口紅利強，地理位置優越。柬埔寨地處「一帶一路」要塞，其大部分產品可以免關稅出口到歐盟國家。從香港飛到金邊，只需要兩個多小時。同時，柬埔寨的GDP連續9年平均增長超過7%，成為東盟十國中增長最快的國家。因此，我非常看好當地的經濟發展。

柬埔寨擁有穩定的政治及經濟環境，積極參與區域和次區域合作，在區域互聯互通計劃中，著重建設軟硬件設施，以吸引外國投資者一起建設柬埔寨。製衣業、建築業、旅遊業和農業向來是推動柬埔寨經濟不斷向前的「四輛馬車」，隨著飛快的電子商貿及物流發展，柬埔寨將與世界接軌，迎來百年一遇的商機。

作為柬埔寨華人總商會創會主席，最基本的職責，就是帶領更多華人了解柬埔寨，好好把握發展事業的機遇。同時，我們會做好橋樑的角色，令華人在柬埔寨創業和經商更為便捷。透過商務考察，促進華人與柬埔寨各地社區的經濟及文化交流。此書是獻給每一位有志到柬埔寨發展的華人，為華人在柬埔寨的營商發展，貢獻一分力，凝聚無限光。

James Fan
柬埔寨華商總會創會主席
財富學院創辦人

目錄

榮譽會長的話

Norodom Narithipong 王子殿下 P.1-2

Ermine De Rose NORODOM 王妃 P.3-4

金鋥集團地產項目【首都．國金】創辦人及主席 李駿機

金鋥集團地產項目【首都．國金】創辦人及執行董事 陳潔盈 P.5-6

榮譽副會長的話

Jacky Leung P.7-8

序言

香港殿堂級股評家 陳永陸(陸叔) P.10

香港股票分析師協會副會長 郭思治 P.11

主席的話

財富學院創辦人 James Fan P.12-13

一：導言 柬埔寨是一個怎樣的國家？ P.17-24

1 地理環境及氣候
2 政制及區劃
3 貨幣及外匯
4 人口分布及紅利
5 天然資源及相關行業發展
6 節假日

二：國際篇 柬埔寨對外的政經關係如何？ P.25-61

1 整體表現
2 主要貿易伙伴
3 與主要貿易伙伴的關係
3.1 中國
3.2 美國
3.3 日本
3.4 東盟十國

三：經濟篇 為甚麼投資柬埔寨？ · · · · P.62-93

1 政治穩定
2 經濟發展迅速
3 與多國簽署自由貿易協定
4 RCEP使經濟邁向世界
5 經貿政策吸引
6 創業條件優厚
7 基建及配套完善

四：置業篇 柬埔寨樓房值得投資？ · · · · P.94-115

1 入市的5大原因
2 買賣須知及稅務
3 金鑾集團——多元產業綜合運營服務商

五：創業篇 您適合來柬埔寨創業？ · · · · P.116-121

1 創業的9項優勢
2 創業的2項挑戰
3 創業須知及流程

六：金融篇 柬埔寨有甚麼證券投資工具？ · · · · P.122-128

1 金融業現況
2 股票
3 衍生工具
4 債券及基金

七：旅居篇 您能旅居柬埔寨？ · · · · P.129-151

1 簽證、居留與入籍
2 旅居小Tips
3 醫療及保險
4 應急電話及通訊
5 旅居華人專訪
5.1 疫情下創造奇蹟的 Gordon
5.2 有車有樓有事業的 Alice
5.3 落地生根的 Sam

八：商會篇 柬埔寨華商總會(CCCA) · · · · P.152-158

1 成立背景，商會使命，商會宗旨
2 核心價值
3 會員資格
4 會員權益
5 財富學院

一：導言 柬埔寨是個怎樣的國家？

金邊地標 – 安達大都匯大廈

1: 地理環境及氣候

柬埔寨王國(Kingdom of Cambodia，簡稱「柬埔寨」或「柬」) 舊稱高棉。位於中南半島。東至東南部與越南接壤，南瀕暹羅灣(又稱泰國灣)，西至西北部跟泰國毗鄰，東北與老撾 (又稱寮國)交界。湄公河自北向南橫貫全國，境內有東南亞最大的淡水湖——洞裡薩湖（又稱金邊湖），國土面積181,035平方公里。

柬埔寨屬熱帶氣候，5月至10月為雨季，11月至4月為旱季，平均氣溫24°C。以4月最熱，氣溫可高達40°C。年均降雨量為2000毫米，各地降雨量差異較大，象山南端可達5400毫米，金邊以東約1000毫米。

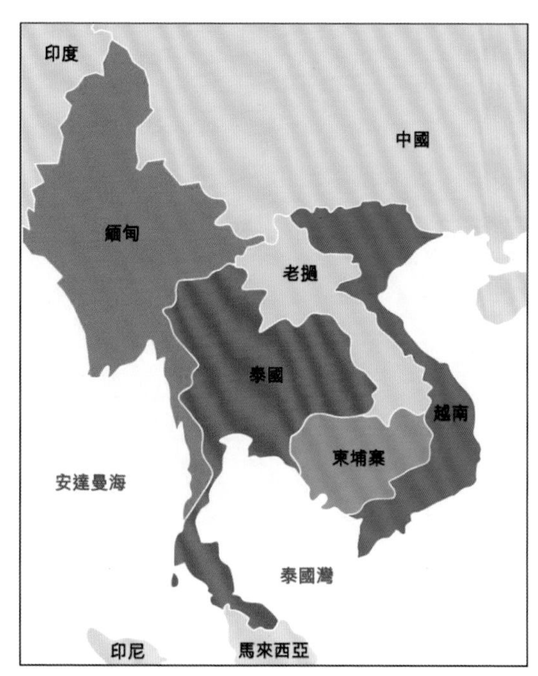

柬埔寨及其鄰國

2:政制及區劃

自1993年起，柬埔寨採用君主立憲制度，實行多黨自由民主政制，立法、司法和行政三權分立。

柬埔寨全國分為24個省和1個直轄市（金邊市）。首都金邊（Phnom Penh），面積67平方公里，是全國的政治、經濟、文化教育中心和交通樞紐。

3:貨幣及外匯

柬埔寨以「瑞爾」為貨幣，但美元於國內的流通量高達80%以上。近5年來，匯率穩定在4000瑞爾兌1美元。人民幣與瑞爾不可直接兌換，需以美元搭橋換算。

4:人口分布及紅利

根據柬埔寨人口普查(2019)結果顯示，全國人口有1555萬，華人及華僑人口約110萬(佔總人口約7%)。其中35歲或以下的人口佔70%，15歲至59歲的勞動人口佔61.7%，人口紅利優勢相當明顯。加上，人口增長率1.2%，為東盟10國(平均1%)之首，預計人口紅利在未來10年仍會持續增長。

但是，柬埔寨的人口分佈並不平均，全國15%的人口聚居於首都金邊，金邊現有228萬人。而人口最少的白馬省，只有4.2萬人。近年人口增速較快的西哈努克省，則有31萬人。

5:天然資源及相關行業發展

5.1 木材

柬埔寨盛產柚木、鐵木、紫檀、黑檀等高級木材，並有多種竹類。木材儲量約11億多立方米。森林覆蓋率61.4%，主要分佈在東、北和西部山區。

5.2 礦藏

柬埔寨地質分佈圖

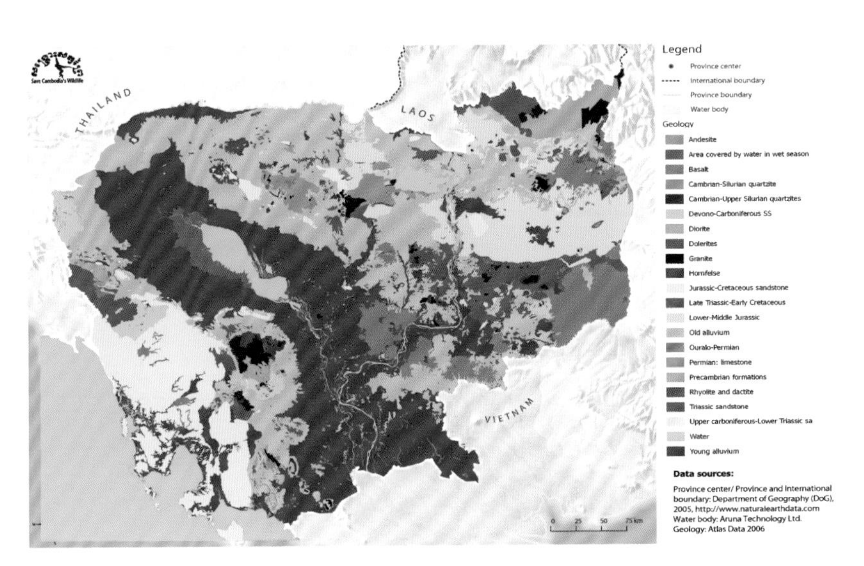

柬埔寨礦產分佈情況

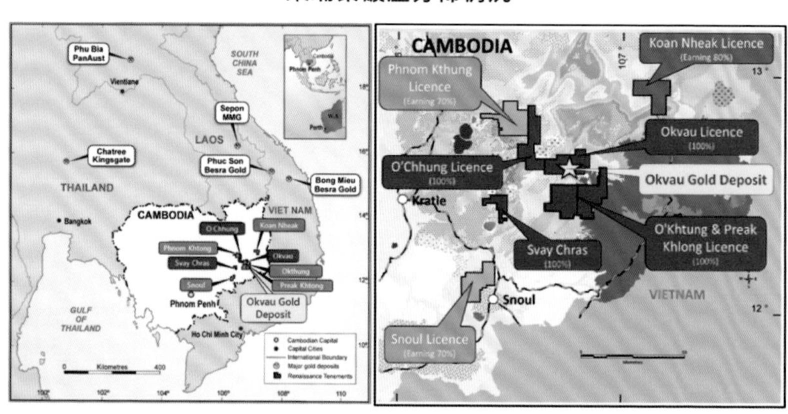

柬埔寨的礦藏資源豐富，藏量較大的金屬礦藏有：鐵、錳、金、銅。非金屬礦藏資源有：煤、磷、石灰、白沙、硫磺、白瓷土、鑽石、紅藍寶石、岩鹽、石油和天然氣。

東埔寨六福珠寶店

東埔寨珠寶金飾

柬埔寨盛產紅寶石和藍寶石，儲量最大的是馬德望省的拜林，其次是臘塔納基里省的博膠。已知的7個金礦則分布在臘塔納基里、桔井、磅湛、磅同等省份。據柬埔寨海關及稅務總局統計報告顯示：2020年上半年，柬埔寨首飾及珠寶出口總額高達13億1400萬美元，較2019年全年出口總額4.15億美元，增加了兩倍以上。若計算2020年首8個月，黃金出口高達22.74億美元，較2019全年的出口額超過6倍。新加坡是柬埔寨珠寶首飾出口的主要市場，其次是泰國、越南、比利時、日本、義大利及中國。據說近年珠寶加工行業在拜林開始發展，面對外銷需求殷切仍供不應求。

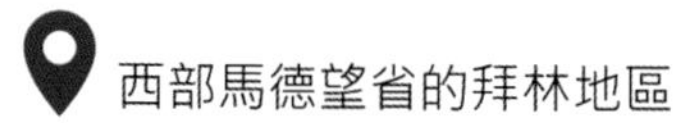

西部馬德望省的拜林地區

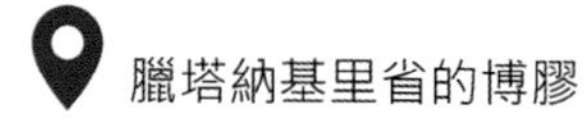

臘塔納基里省的博膠

5.3 水產

柬埔寨的水產資源豐富。洞里薩湖為東南亞最大的天然淡水湖，素有「魚湖」之稱。據聯合國糧農組織統計，洞里薩湖淡水漁業資源，位居世界首位，年產量約23.5萬噸，總漁獲量居世界第四位。根據西哈努克省漁業局長楝薩阿說：「洞里薩湖出產的淡水魚，近年除了內銷外，已出口到中國、新加坡和馬來西亞等地，隨著泰國和越南對高價淡水魚的需求大增，洞里薩湖漁業已成為柬埔寨出口創匯的重要支柱。」可惜，柬埔寨的海捕技術相對落後，捕撈量極少。2012年，柬埔寨水產總量達65萬噸，其中淡水魚產量佔75%，海水魚產量佔15%，其餘來自漁業養殖。據楝薩阿介紹，柬埔寨海水養殖產量僅僅佔整個水產養殖業的0.19%，沿海養殖仍具有很大發展潛力。除海上養殖外，現有洞里薩湖周邊約有4000個網箱養殖，漁業及養殖業仍有很大的發展空間。

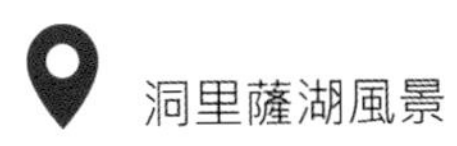
洞里薩湖風景

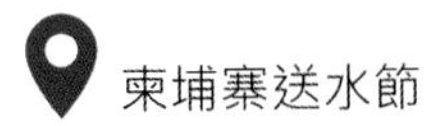
柬埔寨送水節

6: 節假日

柬埔寨週六、周日為法定公休日。主要節日有：
元旦（1月1日）、解放日（1月7日）、國際婦女節（3月8日）、
佛曆新年（4月13-16日）、國際勞動節（5月1日）、
比薩寶蕉節（5月6日）、禦耕節（5月10日）、
西哈莫尼國王誕辰日（5 月14日）、國家紀念日（5月20日），
國際兒童節（6月1日）、柬埔寨國母誕辰日（6月18日）、
亡人節（9月16-18日）、立憲日（9月24日）、
西哈努克悼念日（10月15日）、西哈莫尼登基日（10月29日）、
送水節(又稱龍舟節 10月30日-11月1日)
獨立節（11月9日）。

二：國際篇 - 柬埔寨對外的政經關係如何？

1 整體表現

柬埔寨奉行獨立、和平、永久中立的外交政策，與各國建立友好關係。柬埔寨自1998年恢復聯合國席位，迄今與172個國家建交。其中62個國家向柬埔寨派出大使，常駐金邊使館28家；柬埔寨向22個國家派出大使，開設8個領事館，任命3個名譽領事。

自1999年加入東盟(ASEAN)，並於2003年成為世界貿易組織(簡稱WTO)成員後，經濟發展迅速。據世界銀行數據顯示：過去二十年，柬埔寨的國內生產總值（GDP）平均上升超過7%。據柬埔寨商業部長班蘇薩於2021年1月召開「年度工作總結和展望」視訊會議時表示： 2020年，柬埔寨遭受新冠疫情重創，但出口仍有輕微增長，除因為已享有眾多發達國家給予的普惠制(GSP)待遇外，更與亞太15國簽訂了《區域全面經濟伙伴協定》（RCEP）有關。他預料：「RCEP將進一步擴大柬埔寨商品和服務出口市場，使GDP每年再上升多2%，令出口和投資增加23.4%。」

區域全面經濟夥伴協定(RCEP)

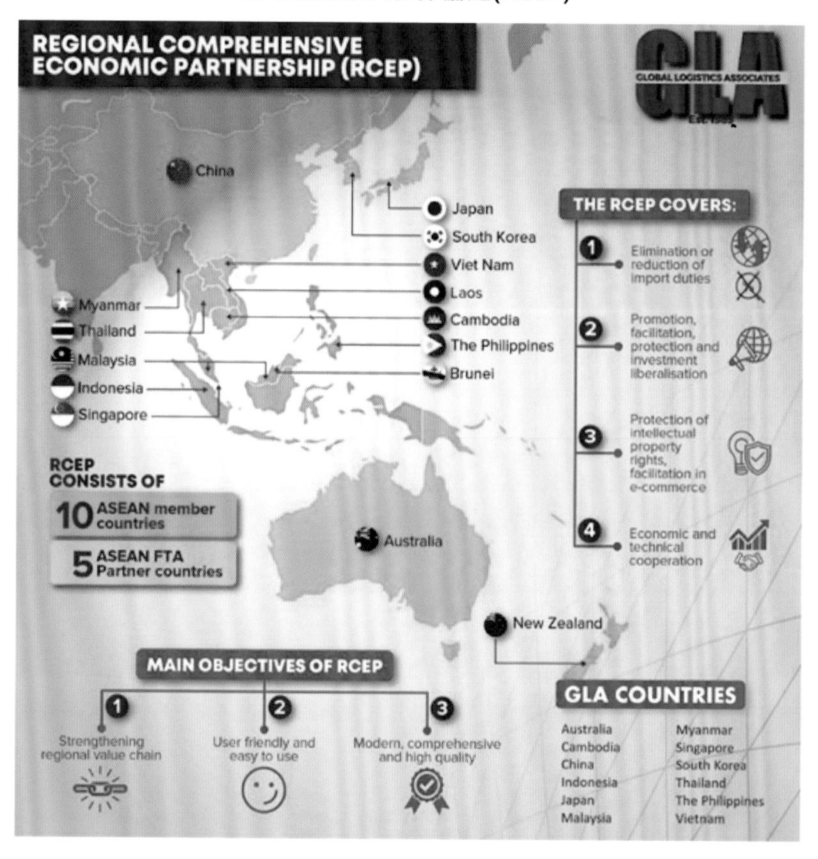

區域全面經濟夥伴協定(RCEP)

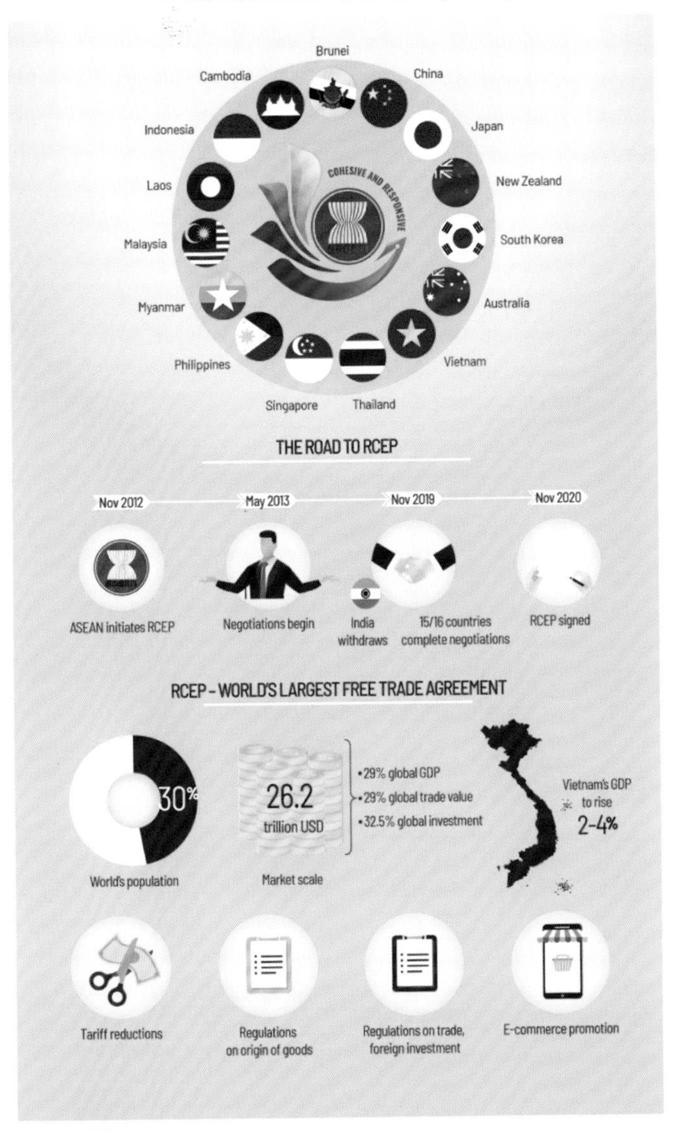
Brunei
Cambodia
China
Indonesia
Japan
Laos
New Zealand
Malaysia
South Korea
Myanmar
Australia
Philippines
Vietnam
Singapore
Thailand
COHESIVE AND RESPONSIVE
THE ROAD TO RCEP
Nov 2012
May 2013
Nov 2019
Nov 2020
ASEAN initiates RCEP
Negotiations begin
India withdraws
15/16 countries complete negotiations
RCEP signed
RCEP - WORLD'S LARGEST FREE TRADE AGREEMENT
30%
World's population
26.2
trillion USD
Market scale
•29% global GDP
•29% global trade value
•32.5% global investment
Vietnam's GDP to rise
2-4%
Tariff reductions
Regulations on origin of goods
Regulations on trade, foreign investment
E-commerce promotion

VnExpress International

據柬埔寨海關總署統計資料顯示，2020年出口貿易額仍有小幅增長。全年對外貿易總額為368.2億美元，同比增長2.54%。出口176.3億美元，同比增長16.72%，當中涉及紡織及鞋製品、木材製品、大米、橡膠、漁產品、黃金製品和自行車等。進口191.9億美元，同比下降7.84%，涉及汽車、農機、燃油、建材、食品、飲料、紡織原材料、農藥和化肥等。

表1：2015-2020年柬埔寨貿易情況統計 (單位：億美元)

年份	2015	2016	2017	2018	2019	2020
柬埔寨進出口總額	205.34	224.4	249.85	305.8	367.2	368.2

資料來源：柬埔寨海關

表2：2015-2019年中、柬貿易情況統計 (單位：10億美元)

年份	2015	2016	2017	2018	2019
國內生產總值(GDP)	55.0	58.9	62.9	67.6	72.4
GDP 按年增長率	↑7.03%	↑7.03%	↑6.83%	↑7.47%	↑7.05%

資料來源：世界銀行

2:主要貿易伙伴

據柬埔寨商業部統計，2020年柬埔寨主要出口的市場有美國、歐盟、英國、德國、中國、日本、加拿大等；而進口主要來自中國、泰國、越南等。

3:與主要貿易伙伴的關係

3.1中國

中、柬的傳統友誼深厚，交往的歷史源遠流長。早在秦、漢時期，扶南(柬埔寨舊稱)已與中國通商。13世紀，元人周達觀的《真臘風土記》就記述了「唐人」跟當地人通婚行商。15世紀，海上貿易興起令柬埔寨的中國人劇增，柬埔寨開始與各國有經貿合作。

1950-1990 建交與流亡

1955年，西哈努克親王讓位予父親，以便組建「人民社會同盟」，自從他參選並成為首相後，中、柬關係益加緊密。同年4月，中國總理周恩來與西哈努克親王在萬隆亞非會議上結識。 1956年，兩國簽定《關於經濟援助協定》，柬埔寨成為中國第一個援助的非社會主義國家。自1956年起，中國除了給予柬埔寨為期兩年每年8億柬元的無償援助外，更派員協助柬國建立磅湛紡織廠、川龍造紙廠、黛埃膠合板廠與窄格亭水泥廠等。50至60年代，周恩來總理、劉少奇主席曾多次率團訪柬，西哈努克親王也曾6次訪華。

1958年7月19日，中、柬正式建交。

1970年西哈努克親王遭受軍事政變被驅逐，由美國扶植的高棉共和國成立，西哈努克親王先後流亡到北韓和中國。期間兩次在華長期逗留，一直受到外國元首的禮遇。1975年在毛澤東主席的幫助下，他取道越南，重返柬埔寨。

1965年10月1日毛澤東主席與西哈努克親王於天安門城樓上留影

1963年毛澤東主席與西哈努克親王合照

1990–2012 實行自由市場經濟 兩國貿易額屢創新高

柬埔寨於1993年復歸和平統一，實行自由市場經濟，採用君主立憲制度，為中、柬的經貿合作帶來了新機遇。長期以來，中國幾代領導人與西哈努克建立了深厚的友誼，為兩國關係的穩定發展奠定了堅實的基礎。2004年西哈努克王因病而傳位給王子西哈莫尼(Norodom Sihamoni)，自此柬埔寨太王西哈努克常居中國以便體檢就醫。

1994至2012年，中、柬雙邊貿易額屢創新高。雙邊貿易總額由1994 年的3.43%，急速增長至2012年的 21.45%，中國已是柬埔寨貨品第一大來源國。

2012年10月，柬埔寨太王西哈努克於北京病逝。對柬埔寨太王西哈努克病逝，國家主席習近平深表哀悼，並對太王窮畢生精力奉獻給柬埔寨民族獨立與和平發展事業所建立的歷史功勳，深表敬重。習主席更表示，西哈努克太王是中國人民的老朋友，他將會永遠活在中、柬兩國人民心中。他堅信，在雙方共同努力下，中、柬和兩國人民的傳統友誼必會得到鞏固和發展。

柬埔寨洪森首相與中華人民共和國國務院總理李克強

2013年起　情繫數代人 合作更密切

最近10年，中國已經連續多年位居柬埔寨的第一大投資國、第一大進出口國。2015年，中國以 8.65 億美元位列柬埔寨外資來源國首位，截至2018年底，中國對柬埔寨投資總額高達36億美元，佔外資對柬埔寨投資總額53%。2017年，中國企業於柬埔寨新簽合同額為33億美元，截止2018底，中國企業在柬埔寨累計簽訂承包工程合同額共204.2億美元，完成營業額128.8億美元。

2019年1月，兩國領導人設定了於2023年雙邊貿易額達至100億美元的目標。同年4月，兩國簽署《構建中柬命運共同體行動計劃》，按照中國駐柬埔寨大使王文天所言，該計劃內容已涵蓋了政治、安全、經濟、人文、多邊等五大領域合作的31項具體目標和舉措。為兩國促進抗疫、貿易、投資、旅遊、安全、防務等不同領域的合作，加強東盟及一帶一路國家之間的國際協作，為維護國際公平正義特別是發展中國家的利益，促進地區和全球穩定發展等各方面，構建起一個平等互助的新平台。

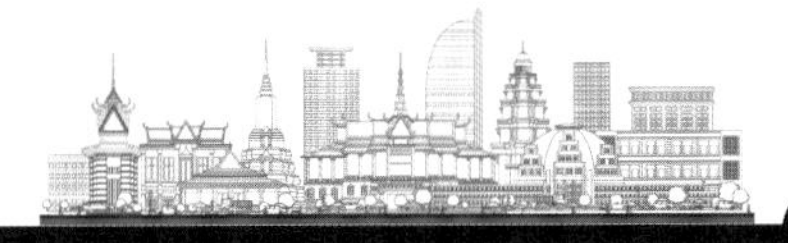

2020年10月，兩國簽署《中華人民共和國政府和柬埔寨王國政府自由貿易協定》(簡稱《中柬自貿協定》)，從此輸往中國的產品97.4%將實現零關稅，而輸往柬埔寨的產品，最終90%實現零關稅，其中包括紡織材料及製品、機電產品、雜項製品、金屬製品、交通工具等。兩國更會進一步開放服務市場，柬方承諾開放實驗室研發、集裝箱貨運等市場。中方在金融、交通運輸等領域給予柬方最高水準的市場准入待遇。與入世承諾相比，中方在社會服務、醫院服務、體育和娛樂、專業設計等22個領域開放了新的市場，並在金融、環境、計算機、廣告、海運和旅遊等37個服務領域作出改進。這是中、柬目前所有自由貿易協定中的最高水準，亦是首個為「一帶一路」倡議合作獨立設章的自貿協定。

表 3 2015 至 2020 年中、柬貿易情況統計　　(單位：億美元)

年份	進出口總額	出口額	進口額	累計去年同期增減(%)		
				進出口	出口	進口
2015	44.32	37.65	6.67	17.95	14.98	38.07
2016	47.59	39.29	8.30	7.4	4.4	24.5
2017	57.9	47.8	10.1	21.7	21.7	21.3
2018	73.9	60.1	13.8	27.6	25.7	36.7
2019	94.3	79.8	14.5	27.7	32.9	4.9
2020	95.55	80.6	15.0	1.4	0.9	3.7

資料來源：中國海關

表面看來，柬埔寨從中國進口的產品遠遠超過出口中國的總額。但中國對柬埔寨持之以恆地提供了力所能及的援助，包括無償援助、免息或優惠(低息)貸款、直接投資、人才培訓等，除了令柬埔寨的經濟獲益、令中柬兩國人民收獲深厚的情誼外，更促成了柬埔寨社會的進步及發展。

從2016年至2018年，中國給予柬埔寨每年平均2.92億美元無償援助，位居第一，遠超過排名第二的日本及法國等已發展的國家。2020年10月，正於金邊訪問的中國國務委員兼外交部長王毅會見柬中政府間協委員會柬方主席何南豐時透露：「中方已經批准向柬埔寨提供9.5億人民幣（約1.4億美元）無償援助，支持柬政府落實緊急專案。」其中包括鋪設西哈努克港至香港的海底光纖通信電纜；多項公路建設及擴建項目；促進稻穀和大米出口項目；農村供電專案；水利灌溉系統專案等。

表4 2015至2020中國對柬埔寨直接投資 (單位：億美元)

年份	2015	2016	2017	2018	2019	2020
中國對柬直接投資額	4.20	6.25	7.44	7.78	7.46	9.1

資料來源：中國商務部

據中國商務部統計，2019年中國對柬埔寨直接投資流量為7.46億美元。到了2020年，已急升至9.1億美元，同比增長31.6%，在柬國新簽的工程承包合同共66.2億美元，同比增長18.8%；完成營業額34.9億美元，同比增長25.7%。中柬更簽訂了約212億美元（約合人民幣1432億元）的基建合同，包括鋪設8000多公里的電力線路，營建超過4000公頃的水利工程。

中國在柬埔寨的投資包括：水電站、電網、通訊、服務業、紡織業、農業、煙草、醫藥、能源礦產、產業園區等。而主要的中資企業有：中國華電集團公司、中國重型機械總公司、中國水電建設集團、中國大唐公司、中國路橋集團、廣東外建、上海建工、雲南建投、江蘇紅豆集團、柬埔寨光纖通信網路有限公司、優聯發展集團有限公司、中國免稅品集團有限公司、申洲有限公司等。

表5 2015-2019年中國在柬埔寨承包工程數額及派柬勞務人數
(單位：億美元、人)

	對外承包工程		派柬勞務人數	
年份	合同額	營業額	當年派出人數	年末在外人數
2015	14.18	12.14	4546	7884
2016	21.33	16.56	3871	6744
2017	33.01	17.64	2604	5877
2018	28.81	18.01	3931	6593
2019	55.76	22.75	7092	10399

資料來源：中國商務部

中國企業投資，除了為柬埔寨提供了科技支援外，更為柬埔寨的經濟，帶來了寶貴的人力資源及人才培訓的機會。

據中國商務部統計，2019年，中國通過多邊及雙邊管道為柬埔寨培訓了5392名經濟人才，培訓範圍涉及外交、金融、商務、工業、農業、交通和衛生等領域。學員遍及衛生部、財經部、商業部、國家銀行、外交與國際合作部、內閣辦公廳等各個主要部門。

加上，每年200多萬的中國遊客，更為柬埔寨創造大量的工作崗位及收入。據柬埔寨旅遊部報告顯示，2019年，柬埔寨接待中國遊客已突破236萬人次，同比增長16.7%。國際遊客共661萬人次，較2018年增長6.6%。柬埔寨旅遊部部長唐坤表示：「柬埔寨預計於2030年吸引國際遊客1500萬人次，為當地帶來200萬個工作崗位。」為滿足中國遊客的需要，旅遊部制定了《中國準備 (China ready)旅遊行業白皮書》，並發表吸引中國遊客的《行銷策略2016—2020方案》及《東盟旅遊發展戰略計劃(ATSP

疫情下兩國關係更「鐵」

2019年底，中國武漢爆發新冠肺炎疫情。其後各國陸續宣佈要從中國撤僑，只有柬埔寨首相洪森堅決對中國不撤僑、不停航，他反而「逆行」造訪中國。他本來想親赴疫情前線慰問柬埔寨僑生卻被婉拒，只好叮囑在華留學的柬埔寨學生：「要遵從中國政府和校方的指示，不要因為疫情產生恐慌而擅自棄學回國。」

2020年2月5日，洪森首相飛抵北京與中國領導人會晤，自從新冠肺炎疫情爆發後，他是首位到訪中國的外國元首。洪森首相能在中國疫情最嚴重時雪中送炭，體現了他對中國抗擊疫情的信心及支持，並以實際行動詮釋了中、柬命運共同體牢不可破的戰略合作伙伴關係。

洪森 - 現任柬埔寨首相兼柬埔寨人民黨領袖、干丹省國會議員

投桃報李，2020年3月23日，當柬埔寨疫情爆發時，中國立即向柬埔寨送去7名醫療專家，以及包括N95口罩、防護服、紅外線體温槍等總計8.1噸的醫療物資。中國外交部發言人耿爽還稱：「這不僅是中、柬特殊友好的體現，也是中、柬作為命運共同體和鐵桿朋友的應有之義」。

2020年10月12日，柬埔寨首相洪森和在柬國訪問的中國國務委員兼外交部長王毅，共同見證了中國商務部部長鐘山與柬埔寨商業大臣潘索薩，分別於北京和金邊通過視頻正式簽署《中柬自貿協定》。據柬埔寨商務部報告指出，協定簽署後，柬埔寨對華出口將會大幅提升。

此外，雙方已經簽署《中柬引渡條約》、《中柬文化合作協定》、《中柬互免持外交、公務護照人員簽證協定》以及文物保護、旅遊、警務、體育、農業、水利、建設、國土資源管理等領域的合作諒解備忘錄。

柬埔寨除了在北京設立總領事館外　在香港、廣州、昆明、上海、重慶、南寧、西安設立了領事館，中國除了在柬埔寨金邊設有總領事館外，在暹粒省亦設有領事辦事處。自2021年5月31日開始，　駐柬「中國領事」APPs已上線啟用。功能包括境外居住人員領取養老金資格認證、領事認證查驗、領事新聞資訊、領保服務。

柬埔寨王太后諾羅敦·莫尼列、柬埔寨國王諾羅敦·西哈莫尼、與中華人民共和國主席習近平伉儷合照

無懼疫情，2020年11月6日，柬埔寨西哈莫尼國王和莫尼列太后親臨北京，莫尼列太后接受由國家主席習近平代表中華人民共和國頒予的友誼勳章。會面時，習主席先感謝西哈莫尼國王和莫尼列太后於2月時對武漢疫情致以慰問及捐助。他表示，國王陛下剛剛沿著西哈努克太王和莫尼列太后50年前的足跡訪問延安，這是傳承友好之旅，也是增進友情之旅。習主席更高度讚揚莫尼列太后為推動中、柬世代友好和各領域交流合作作出了特殊重要的貢獻。「為了弘揚中、柬兩國人民的深厚情誼，我們要接續努力，推動中、柬全面戰略合作伙伴關係不斷邁上新的台階。」

柬埔寨王太后諾羅敦·莫尼列·西哈努克獲頒中華人民共和國友誼勛章

洪森首相與中國駐柬埔寨大使王文天(左一)
一同迎接新冠疫苗

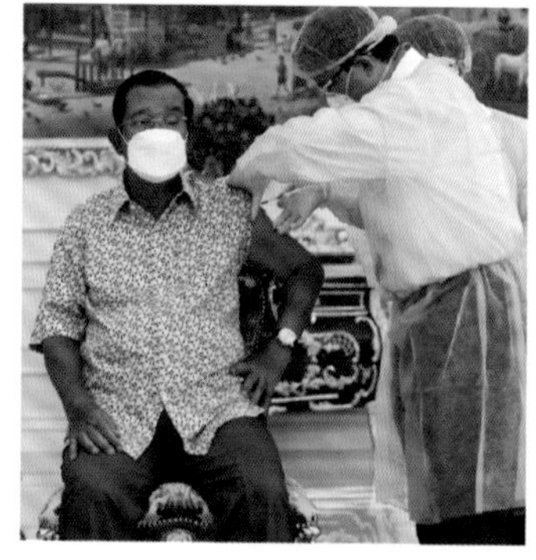

柬埔寨首相洪森接種疫苗

中國首批援助柬埔寨的新冠疫苗運抵金邊機場

2021年2月7日，中國援助柬埔寨的首批新冠疫苗運抵柬埔寨金邊機場。誠如柬埔寨首相洪森於當日所言，「摯友難時必相助」，疫苗援助驗證了柬中兩國和兩國人民緊密合作的情誼。

中國駐柬大使王文天與柬埔寨農林漁業部長翁薩坤
攝於柬埔寨芒果輸華植物檢疫要求議定書交換儀式

2021年4月26日，中國海關總署正式公佈，從柬埔寨輸入芒果已註冊果園的名單(37家)及包裝廠商名單(5個)。柬埔寨芒果繼香蕉後，成為第二項可以直接入口中國的生鮮水果。中國駐柬埔寨大使王文天表示，中國已連續多年成為柬埔寨大米出口的最大市場。自從香蕉可以直接出口中國後，出口量從2018年的1萬噸急增至2020年的33萬噸。隨著中國向柬埔寨開放芒果市場，芒果產業定必與香蕉產業一樣，實現跨越式發展，為柬國農民提供更多就業機會，提高收入和生活水準，造福兩國人民。

2021年6月2日，柬埔寨衛生部國務秘書兼發言人奧萬丁在接受新華社駐柬記者訪問時公佈，柬埔寨目前已獲得600多萬劑新冠疫苗，包括中國國藥疫苗(170萬劑)、中國科興疫苗(400萬劑)，以及由世衛組織「新冠肺炎疫苗實施計劃(COVAX)」提供的阿斯利康疫苗(32.4萬劑)。中國疫苗成為了柬埔寨建立免疫防線最重要的武器。柬埔寨已有230萬人(約佔總人口的14%)接種了疫苗。奧萬丁更表示，柬埔寨總人口約1600萬，為建立好免疫防線，政府現已加快疫苗接種計劃，預計在年底或明年第一季度將完成為1000萬人接種的目標。

世界衛生組織駐柬埔寨代表李愛蘭博士

同日，世界衛生組織駐柬埔寨代表李愛蘭博士表示，由於中國科興疫苗已被世衛納入「緊急使用清單」，而柬埔寨目前獲得COVAX分配的疫苗劑量比例仍低於鄰國，柬政府已向世衛要求按COVAX機制把剩下的阿斯利康疫苗，轉向其他疫苗製造商獲取，有關申請仍待審批。她續嘉許，柬埔寨已是疫苗接種率最高的發展中國家之一。截至6月3日，按1000萬人的接種目標而言，26%經已接種疫苗，而超過93%的醫護人員，已完成疫苗接種，進度相當良好。

3.2 美國

柬埔寨美國領事館

1950-1990 建交與絕交

美、柬於1950年6月建交。美國領事館最初暫設於皇家酒店（HotelLe Royal），直到美國領事館辦事處和美國資訊服務圖書館在新址落成為止。1952年6月25日，美國領事館晉升為大使館，唐納德·希思(DonaldR. Heath)成為首位美國駐柬埔寨大使。

1953年，柬埔寨西哈努克國王帶領柬埔寨獨立，脫離了法國的殖民統治。從1955年到1963年，美國向柬埔寨提供了4.096億美元的經濟贈款援助和8370萬美元的軍事援助，位居各國首位，當中包括興建由金邊通往西哈努克海港的全天候道路。

1965年5月，柬埔寨政府要求美國就南越越界轟炸柬埔寨鸚鵡嘴地區，造成柬國公民死亡的跨境空襲負責，而美國則指控柬埔寨政府，支持反美的越南南方民族解放陣線，美、柬首度斷交。直至1969年7月2日複交。

1970年3月，親美的朗諾趁西哈努親王訪問蘇聯期間發動政變，西哈努克親王被迫流亡北京。1975年4月12日，基於柬埔寨內戰不斷惡化，美國關閉駐金邊大使館。 4月17日，因紅色高棉政權槍殺美國在柬僑民，美、柬二度斷交。

1991-2010 普惠制實行後 輸美產品大增

自從1991年10月於巴黎簽訂《和平協定》後，柬埔寨復歸和平統一。1991至1992年，聯合國在柬埔寨成立聯柬權力機構（United Nations Transitional Authority in Cambodia, UNTAC），注資17億美元，協助柬埔寨恢復秩序。美元的大量流入，加上70至80年代持續的戰亂和宏觀經濟失控，使民眾對柬幣瑞爾信心不足，美元迅速成為了最廣泛流通的外幣。1993年，柬埔寨在UNTAC協助下進行民主選舉，自此採用君主立憲多黨民主政制，實行自由市場經濟，美、柬於1994年5月17日再度建交。

1991年10月23日 柬埔寨與各國於巴黎簽定和平協定

2006年7月，柬、美簽署《貿易暨投資架構協定》（Trade and Investment Framework Agreement, TIFA），以提升雙邊貿易及投資，並檢視柬埔寨在獲得美國授予普惠制（Generalized Preference System, GSP）待遇後，約有 4,800 項輸產品可享低關稅或零關稅待遇的施行情況。

2011至2019 美國成為柬埔寨第一出口國

2016年6月，美國貿易代表處(Office of the United States Trade Representative簡稱USTR)宣佈進一步給予柬埔寨旅行產品（travel goods）GSP的零關稅待遇，包括行李箱、登山用背包、女用手提包以及錢包等，比過去約7%關稅更為優惠。

據柬埔寨海關及商務部的報告顯示，2020年柬、美雙邊貿易總額已高達55.09億美元，與2019年同期增長16.89%。其中、柬埔寨出口美國的商品總額為52.58億美元；主要商品包括服裝、旅行用品、自行車等。而從美國進口的商品總額則為2.5億美元，以汽車、機械、珠寶、化妝品、電器為主。自2019年起，美國已取代東盟，成為柬埔寨第一大出口國。柬、美貿易額的大幅增長，主要源自近年柬埔寨生產的旅行用品大量出口美國所引

2016-2020年 柬美貿易情況 (單位：億美元)

年份	進出口總額	進口額	出口額	累計去年同期增減(%)		
				進出口	進口	出口
2016	23.20	1.73	21.47	-1.9%	-24.1%	0.5%
2017	26.05	1.96	24.08	12.3%	13.3%	12.2%
2018	34.38	3.96	30.51	32.0%	102.0%	26.7%
2019	47.13	3.11	44.02	37.1%	-21.5%	44.3%
2020	55.09	2.5	52.58	16.9%	-19.6%	19.4%

資料來源：柬埔寨海關

2019年1月28日，柬埔寨商業部部長班索薩在暹粒省出席美柬「第5屆TIFA貿易和投資框架協議會議」時感謝，美國除了向柬國提供GSP普惠制關稅優惠外，更在制定貿易救濟法律、執行貿易便利化協定等為柬國提供技術援助。他強調，是次會議將是一個重要的平台，讓柬美雙方解決雙邊合作存在的問題，好為兩國帶來實實在在的利益。而為了實現柬埔寨在2030年成為中等收入偏高國家和在2050年成為高收入國家的目標，柬政府將繼續推行開放經濟政策，吸引更多外資，以提升人民的生活水準。

INTO THE 70TH ANNIVERSARY OF CAMBODIA-US RELATIONS AND BEYOND: THE REBALANCING DILEMMA AND NEW ERA OF RELATIONS

H.E. Amb. Pou Sothirak

Reading Time: 4 Minutes

Note: This article has been collected in the period from February to April. Due to the proofreading, editing and design process, some facts might be outdated.

美國與柬埔寨建交70週年紀念

2020至今 柬美建交70周年 疫情下貿易往來不斷

2020年是柬美建交70周年。1月，美國駐柬大使派翠克·墨菲在金邊市周圍開展三輪車環城之旅，慶祝柬美建交70周年。同年9月3日，他出席柬埔寨美國商會（AmCham Cambodia）舉辦的慶祝及商貿活動時表示，美、柬建交70周年突顯了兩國全面外交合作的成就。20年來，柬美雙邊貿易增長了7倍，即使在疫情影響下，今年兩國雙邊貿易仍增長超過兩成。他續說，柬美雙邊貿易嚴重失衡，為此大使館正與柬埔寨商業部合作，鼓勵更多柬埔寨消費者購買美國產品。他相信，隨著柬埔寨的經濟持續增長，高品質的美國品牌又深得柬埔寨民眾喜愛，美國出口柬埔寨的貿易額必然會進一步上升。

10月21日，柬埔寨與美國專利商標局（USPTO）局長Andreilancu簽署《專利合作協議諒解備忘錄》。雙方表示，協議除了可加速兩國專利註冊審批工作，強化各領域智慧財產權保護工作外，更有助吸引更多美國投資者前來柬埔寨投資。除美國外，柬埔寨還與新加坡、日本、中國、韓國和歐盟達成專利合作協議。

柬埔寨商業部部長班蘇薩表示，柬美雙邊具有貿易增長潛力，2019年兩國貿易總額高達47億美元，同比大幅增長42%。自2019年柬、美簽訂貿易和投資框架協議（TIFA）後，《電子商務法》亦已於2019年生效。他呼籲美國企業增加對電子商務行業投資的力度。

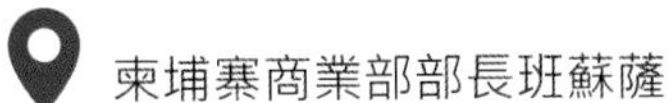

柬埔寨商業部部長班蘇薩

束埔寨現時通用的電子支付工具

2010年1月，當商業部長班蘇拉薩出席「Go4eCAM」專案啟動儀式時表示，《電子商務法》旨在推動柬埔寨國內電子商務發展，包括網上購物和B2B（商對商）電子交易。「我們希望通過設立電子商務平台，令中小型企業擴大業務範圍、增加銷量並創造更多就業機會。而「Go4eCAM」正是專為柬埔寨中小型企業設置的電子商務（E-Commerce）平台，特別是針對女企業家、青年和新創公司而設。據報「Go4eCAM」項目共耗資250萬美元，由歐盟和歐洲基金會、柬埔寨政府和聯合國開發署（UNDP）共同策劃，計畫為期30個月。

自從《電子商務法》通過後，阿里巴巴菜鳥物流集團的深圳4PX快遞與柬埔寨商務部合作推動電子商務貿易發展，而PiPay(類似國內「支付寶」)是目前柬埔寨使用人數最多的電子支付工具，而匯旺（HUIONEPAY）已和支付寶於2019年3月舉行戰略合作發佈會。

美國聯邦調查局(FBI)與柬埔寨警方合照

2020年10月，美國聯邦調查局(FBI)宣稱將在柬埔寨國家警察總署設置一處辦公室，協助柬埔寨警方追緝美國罪犯。報導指美國聯邦調查局與柬埔寨警方一起辦案，突顯了美國有意改善與柬埔寨的雙邊關係。

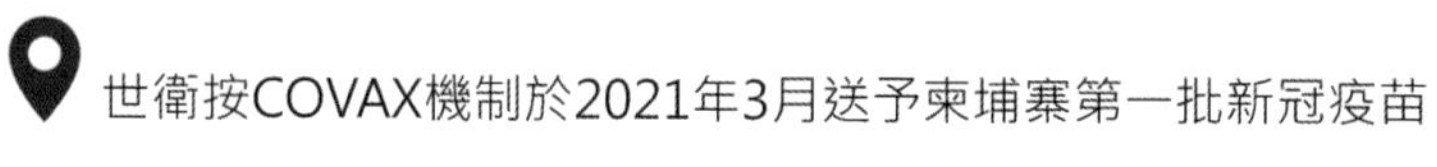
世衛按COVAX機制於2021年3月送予柬埔寨第一批新冠疫苗

2021年3月4日，柬埔寨收到由世衛按COVAX機制派發的第一批冠病疫苗。3月9日，柬埔寨首相洪森於面書貼文：第一批合共32萬4000劑由印度生產的英國阿斯利康疫苗已運抵柬埔寨。據稱，柬埔寨是西太平洋地區最早收到COVAX疫苗的國家之一。為確保世界各國能公平、公正地獲取疫苗，COVAX會按各國或地區總人口的20%發放疫苗，而柬埔寨將獲分配640萬劑疫苗，可供320萬人接種。

3.3 日本

據日本史籍記載，早在1603年，已有柬埔寨船隻在日本長崎港(Nagasaki Port)進行貿易。而自17世紀(即柬埔寨後吳哥時期)，就有從日本熊本市(Kumamoto)來到高棉的商旅，吳哥窟牆壁上留下的日文手跡便是佐證。

日本對柬埔寨外交方面有著舉足輕重的地位，也曾多次協助柬埔寨的政黨消弭隔閡。柬埔寨內戰後，日本持續給予柬埔寨經濟援助，積極參與各項和平建設，築橋修路、安置難民，不但得到柬埔寨官方層面的認同，更令柬埔寨人民對日本人心生好感。

1953-1970 兩國息干戈 戾氣變祥和

政治方面，兩國正式建交於1953年1月9日。

1954年11月，柬埔寨為獨立，主動放棄向日本索取第二次世界大戰中應得的戰爭賠償，1955年，柬埔寨國王西哈努克放棄王位，參選成為首相，訪問日本時，他宣佈放棄索取戰爭賠償，並向日本提供大米等物資。1957年11月，日本首相岸信介訪問柬埔寨，受到民眾熱烈歡迎。同年12月，雙方政府簽署《日本─柬埔寨友好條約》。1959年3月，雙方政府簽署《經濟技術合作協定》，日本向柬埔寨提供417萬美元的無償經濟援助。60年代，為了維護柬埔寨的主權獨立，西哈努克堅守中立的外交策略，甚至於1965年與美國斷交。但是日本於1968年9月仍大膽承認柬埔寨的邊界和領土完整，日本這種尊重別國的外交政治行為，深獲柬國人民的好感。

1970-1993 政局未見平穩 日本居中調停

1970年3月，親美國的朗諾發動政變，罷免了西哈努克親王。日本承認朗諾政權，並通過日本紅十字會給予柬埔寨總值370萬元的貨物，更多次向柬國提供大米及藥品，以緩解糧食短缺，安置難民。

1975至1979年，紅色高棉統治時期，日本雖然曾經承認民主柬埔寨(下稱「民柬」)的政權，但是對受越南軍隊操控下建立的韓桑林政權心存芥蒂。1990年，日本外務省破天荒派遣調查團前往金邊，更與中國、越南、泰國等合作，最終促成6月4至5日的「東京會議」，柬埔寨主席西哈努克親王、柬埔寨民族政府總理宋雙和金邊政權總理洪森首相進行直接對話。會後，雖然西哈努克親王認為「沒有民柬的參與」，「東京會議沒有達到預期的目的」，但是，這是日本於二戰後，首次為一個第三世界國家的衝突尋求解決方案，也令柬埔寨問題迅速引起國際關注。

1991年10月，自從各國於巴黎簽訂《和平協定》後，柬埔寨復歸和平統一。日本於1992年重開駐柬大使館。1993年，柬埔寨在聯合國(UNTAC)的協助下組建聯合新政府。時任聯合國秘書長特別代表的明石康(日本人)，多次敦促日本政府派遣自衛隊參加柬埔寨的維和活動，日本於1992年9月及1993年4月，派出1200名陸上自衛隊員，協助柬埔寨維持和平活動，包括修路、架橋及後勤支援等。1993年柬埔寨在聯合國和明石康的協助下，恢復君主立憲制度，並舉行了有史以來第一次多黨制民主選舉。

1994-2020 政局持續平穩 經濟飛躍發展

1994年柬埔寨重新開設駐日本大使館，自此兩國高層互訪日漸頻繁。1999年2月，柬埔寨首相洪森首次訪問日本。2000年 1月，日本首相小淵惠三訪問柬埔寨，他是首位訪問柬國的日本首相。2002年，日本首相小泉純一郎訪問柬埔寨，並於同年10月簽署《日本與東盟全面經濟合作伙伴框架協定》，標誌著日本與東盟自由貿易區進程正式啟動，柬、日雙邊經貿合作發展迎來了新機遇。

2007年7月，柬、日簽署《促進與保護投資協議》。2012 年，柬埔寨成為東盟輪值主席國，積極借助東盟平台推進與日本的雙邊貿易。2012年11月，美國總統奧巴馬訪問柬埔寨，並調整美國對東南亞地區的政策，日本全方位配合推進與柬埔寨的政經關係。

2013年，正值柬埔寨與日本兩國建交60週年紀念，雙方確立以 “Trust we built，future we share” 為主題，為「柬日友好年」共同舉辦各項慶祝活動。同年2月，日本經濟團體聯合會訪問柬埔寨，擴大雙方合作及人文交流。同年10月，日本首相安倍晉三訪問柬埔寨。至今，洪森首相幾乎每隔兩年便出訪日本一次。

經濟方面，自1994至2009年，日本向柬埔寨提供了共16.35億美元的援助，年均1.02億美元，協助柬埔寨在農業、健康、醫療基礎設施和人力資源培訓等各方面的發展。柬埔寨有很多基礎設施都是在日本援助下建成，包括：水淨華大橋(1994年重修)、磅湛大橋(2003年建造)，跨湄公河的河良大橋(2011年修建)、菩薩省水利灌溉專案、馬德望省農業技術培訓專案等。

自1993年開始，來自日本的企業已超過1700家，雙邊貿易額為 1333萬美元。1997年，雙邊貿易因受亞洲金融風暴衝擊而放緩，重回1993年水平。2001年，雙邊貿易再次因世界經濟衰退而跌入低谷。

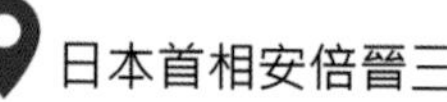

日本首相安倍晉三與洪森首相

從2002年起，在日本與東盟自由貿易區框架體系下，兩國雙邊貿易大幅增長，增長率達176%，其中，柬埔寨自日本進口的份額增長224.37%。到2004年，雙邊貿易額首次突破一億美元大關，達到1.09億美元。其中，柬埔寨自日本進口的份額有8370萬美元，而柬埔寨出口至日本就有2510萬美元。2012年，柬、日本雙邊貿易合作再創歷史新高，達到 6.25億美元，增長23.16%，其中，柬埔寨自日本進口2.575億美元， 增長14.24%，對日本出口 3.68億美元 ，增長 31.13%。

(左起)柬埔寨首相洪森、老撾總理通倫、日本首相安倍晉三、緬甸國務資政昂山素姬、泰國首相巴育和越南總理阮春福

2018年10月9日，日本首相安倍晉三和柬埔寨等5國領袖，在東京舉行的「日本與湄公河流域國家首腦會議」通過了《東京戰略2018》草案，為實現「自由開放的印度洋-太平洋」，日本願協助各國改善基礎建設，培育人才，實現綠色的湄公河流域計劃。據報，日本向柬埔寨提供高達35億日元（約3191萬美元）的貸款，修建洞裡薩湖地區的灌溉設施。柬埔寨首相洪森在會議前稱：「這將是該地區首次有機會對日本在亞太地區的開放戰略表示歡迎。」中國外交部發言人陸慷在會後表示：「中國樂於看見周邊國家發展正常的雙邊關係」，更希望他們尊重其他國家及本地區國家，就所關切的議題時，多做有利於地區和平、穩定的事。而泰國總理巴育（Prayuth Chan-ocha）於會後的聯合新聞發佈會上說：「但願中日能在某些項目上互相合作，這對湄公河流域的每一個國家而言，都是有莫大裨益的。」

據2019年日本貿易振興機構(JETRO)報告，柬、日本雙邊貿易額已達22.9億美元。其中，柬埔寨出口至日本總額共17.3億美元，進口總額為5.62億美元，日本已經成為柬埔寨「五大進口國」之一。根據柬埔寨發展理事會（CDC）報告顯示，單是2018至2019年，日本就有近200家新公司投資柬埔寨，而截至2019年第一季度，批出有關日資公司的專案累計共137個，協定投資額共25億美元，主要涉及電子配件、汽車零件、技術設備、酒店、超市、銀行、航空、醫院和餐飲業等。日本資金的大量投入，正好顯示了日、柬的關係越加密切。

2019年5月，洪森首相在出席由柬埔寨發展理事會和日本對外貿易組織（Jetro）在東京舉辦的「柬埔寨投資座談會」時表示，自1992年至2018年，日本為柬埔寨提供累計達28億美元的優惠貸款，佔所有合作伙伴貸款總額的15%，當中包括建設西哈努克港的新碼頭，現已落成啟用。它令西港每年的貨物輸送量增加兩倍，達至90萬個標準集裝箱（TEUs），將成為東盟貨物集中和轉運樞紐。2020年，柬埔寨和日本已簽署避免雙重稅收協定，方便日資公司投資柬埔寨。

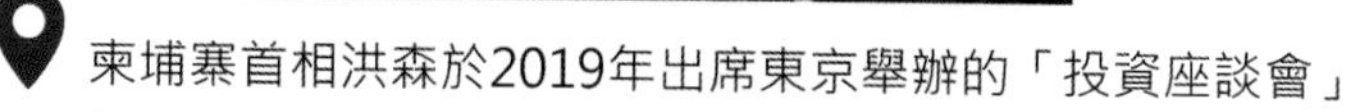
柬埔寨首相洪森於2019年出席東京舉辦的「投資座談會」

新冠疫情下的兩國關係

據日本貿易振興機構(JETRO)數據顯示，在新冠疫情下，2020年柬埔寨與日本之間的雙邊貿易額仍維持在21億美元，比2019年僅下降8.45%。而柬埔寨出口到日本的貨物價值達16.15億美元，稍微下降了6.7%，進口了4.85億美元，僅下降了13.8%。柬埔寨對日本的貿易順差為11.3億美元,，柬日貿易即使在全球面對最艱難的情況下，仍能保持龐大的雙邊貿易金額。

2021年2月3日，JETRO 金邊辦事處首席代表瑪麗沙·哈魯塔 （MarisaHa-ruta）在柬埔寨第一屆日本產品展示會 " Good Goods Japan 2021" 上表示：東盟十國中，柬埔寨在新冠疫情下復蘇得最快。JETRO正通過一系列在線計劃和項目，努力擴大在柬埔寨的業務，維持柬、日可觀的貿易順差。日本會繼續與柬埔寨商務部，柬埔寨商會和商界緊密合作，令未來有更多日本計劃和項目在柬埔寨出現。

過去十年，日本在柬埔寨的投資迅速增長。單是金邊，就有15000多個日本投資者，柬埔寨在製造業、食品加工業、生態旅遊業和人力資源開發等各個領域都有巨大發展的潛力，等待各國前來開發。

柬埔寨之日本僑民

3.4 東盟十國

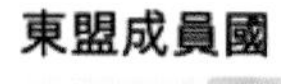

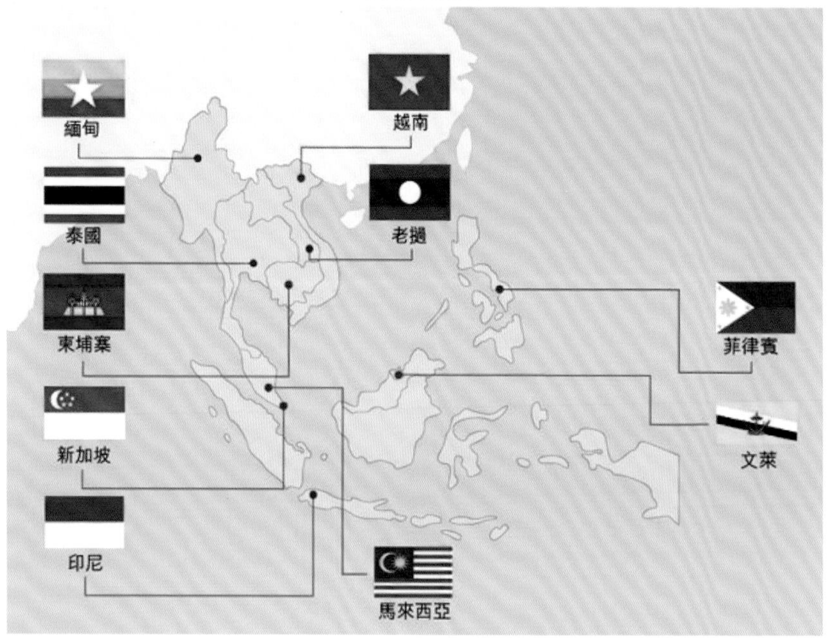

柬埔寨於1999年加入東南亞國家聯盟（Association of Southeast Asian Nations，簡稱ASEAN或東盟）。東盟是一個促進東南亞地區經濟合作、和平發展及文化交流的政府組織。東盟現有10個成員國，1個候選成員國和1個觀察員國。

東南亞國家聯盟(東盟)（ASEAN）	
成員國 (東盟十國)	(1967 年)泰國 印尼 菲律賓 新加坡 馬來西亞 (1984 年)汶萊 (1995 年)越南 (1997 年)老撾 緬甸 (1999 年)柬埔寨
候選國	(2006 年)東帝汶。
觀察員國	(1976 年)巴布亞新幾內亞

自1993年起，東盟成立了東盟自由貿易區(AFTA)，透過消除各國之間的關稅壁壘，吸引外商投資，藉此提高東盟作為生產基地的競爭力。

2015年12月31日，為了便利區內的產品、服務、投資、資金和人員流動，東盟成員國正式成立東盟經濟共同體(AEC)。在AEC之下，經濟較為發達的東盟成員國，即新加坡、泰國、印尼、文萊、菲律賓和馬來西亞，已於2015年底實現零關稅。而柬埔寨、老撾、緬甸及越南亦於2018年底撤銷約97.7%的進口關稅。

除此之外，東盟更積極參與各國實施自由貿易及區域經濟融合，並已達成多項自由貿易區及經濟合作安排，其中包括：於2010年簽訂的中美洲自由貿易協定(CAFTA)，2012年簽訂的東盟與印度自由貿易協定(AIFTA)，於2008年簽訂的東盟與日本全面性經濟伙伴協定(AJCEP)以及2014年簽訂的東盟與韓國自由貿易協定。

近年來，東盟積極發展數字經濟領域，2018年11月，東盟領導人簽署了《東盟電子商務協定》，批准了《東盟數字一體化框架》。2019年東盟峰會達成了《行動計畫》《東盟創新路線圖（2019-2025）》《工業轉型為工業4.0的聯合聲明》等，為下一階段東盟各國制定有關第四次工業革命(數字經濟領域)的綜合戰略做好準備。

2019年4月，東盟經濟部長簽署了《服務貿易協定》，在金融、交通、基礎設施、能源、競爭政策等領域，已制訂相關協議或戰略。

2020年11月15日，東盟十國與中國、日本、韓國、澳洲、紐西蘭共同簽署了區域全面經濟伙伴關係協定（Regional Comprehensive Economic Partnership，簡稱RCEP）。 RCEP的簽署，標誌著當前世界上人口最多、經貿規模最大、最具發展潛力的自由貿易區正式成立。正如泰國副總理兼商務部長朱林表示，RCEP將在2021年年中開始實施，屆時，許多商品及貿易，特別是農產品、漁業產品、工業產品及服務業領域的零售，還有醫療保健和建築業領域的貿易，都將從RCEP中受益。而新加坡總理李顯龍則表示，在多邊主義失去優勢，疫情又令全球經濟重創下，RCEP是全世界向前邁出很重要的一步。

三 ：經濟篇 為甚麼投資柬埔寨？

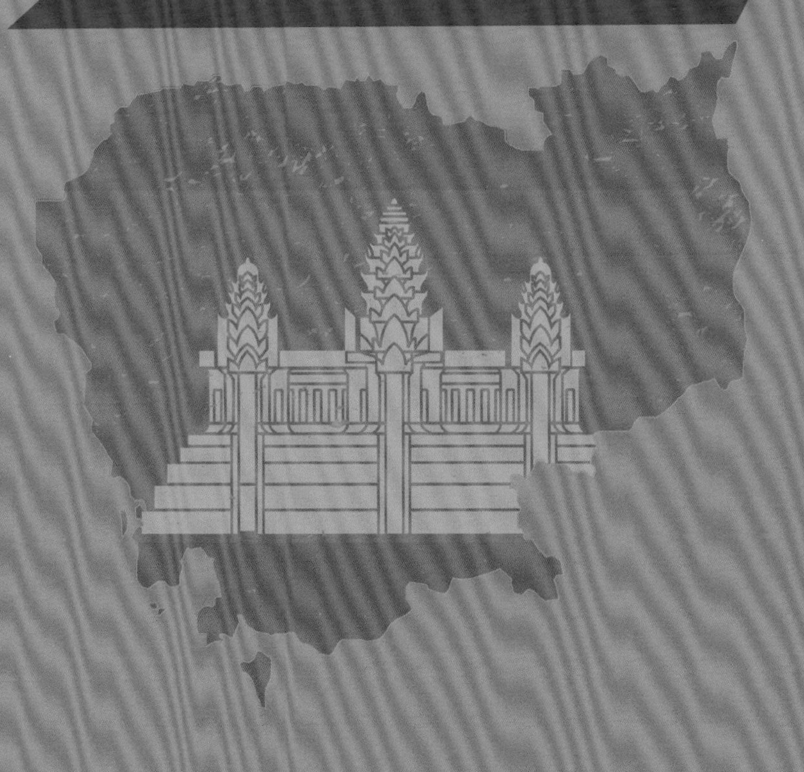

關於柬埔寨的得名，眾說紛紜。有人說柬埔寨婦女面似「紺蒲」的果子，因而得名；也有人說是高棉人愛用色白清香的梔子花敬神。而根據柬埔寨太王西哈努克在回憶錄中說，柬埔寨相傳是由來自印度的「甘布」親王和當地的「娜亞」女皇所建立，高棉人把兩人的名字結合在一起，把「甘布亞」讀成柬埔寨，英國人把它讀成「肯波迪亞」(Cambodia)，而法國人讀則為「肯波迪亞」(Cambodge)。柬埔寨在我國史籍中，漢朝被稱為「扶南」，隋朝稱「真臘」，唐代稱「吉篾」，宋代復稱「真臘」，元代稱「甘孛智」或「澉浦只」。明萬曆後，始稱「柬埔寨」。

1: 政治穩定

柬埔寨自1993年和平統一後，採用君主立憲多黨民主政制，實行自由市場經濟。柬埔寨國王只是終身國家元首，沒有治國權力。現任國王諾羅敦·西哈莫尼(Norodom Sihamoni），自2004年10月西哈努克（Norodom Sihanouk）國王退位後即位至今，一直深受國民愛戴。

現任柬埔寨國王諾羅敦·西哈莫尼(Norodom Sihamoni）

柬埔寨的立法、行政、司法三權分立。國會是柬埔寨全國最高權力機構和立法機構，柬埔寨國會由參議院（Senate）與國民議會（National Assembly）組成。 參議院為國家立法機構，共有 61 個席次，每屆任期6年。其中 57 席由柬埔寨 324 省的公社委員（commune councilors）代表人民選出，國王與國民大會則分別提名2 席。國民議會共有123 席，柬埔寨各省為一個選區，每個選區可選出 1 至 18 名議員，每屆任期5年。國民議會有立法、修法、 批准條約、質詢、進行不信任投票等權力。據柬埔寨憲法規定，國家法案須經參議院、國民議會和憲法委員會審議通過，最後由國王簽署生效。首相需由贏得國會議席50%+1簡單多數的政黨候選人擔任。

近20多年來，柬埔寨的政局相對穩定。自1993年起，洪森擔任柬埔寨首相，他所領導的柬埔寨人民黨，多次與其他政黨組成聯合政府，政局變得相對穩定。柬埔寨王國曾經歷了四次大選。於2018 年 2 月 25 日舉行的柬埔寨第4屆參議院選舉中，全國投票率高達 99.79% 。選舉結果由洪森首相領導的人民黨，在8個選區中，以得票率高達92%，拿下58個參議院議席，成為執政黨。據柬埔寨國家選舉委員會公佈：除了人民黨外，得票較多的政黨有：青年黨、高棉民族團結黨（United People of Cambodia）和奉辛比克黨（FUNCINPEC）。同年7月29日進行國會大選，結果人民黨再次獲得壓倒性勝利。柬埔寨的政黨甚多，合法登記的已有42個。

2: 經濟發展迅速

表 1　首 10 國/地區在柬埔寨投資總額(1994 至 2019 年)

排名	地區	投資額(億美元)	百分比
1	中國大陸	165.86	39.80%
2	南韓	46.86	11.24%
3	英國	36.42	8.74%
4	馬來西亞	27.34	6.56%
5	香港	24.73	5.93%
6	日本	23.87	5.73%
7	越南	17.86	4.29%
8	美國	13.37	3.21%
9	台灣	12.51	3.00%
10	新加坡	12.27	2.94%
總額(含其餘資金)		416.76	100.00%

資料來源：柬埔寨發展理事會(CDC)

表 2　2019 年柬埔寨 10 大投資國家/地區統計表

排名	地區	投資額(億美元)	百分比
1	中國大陸	13.213	37.78%
2	香港	9.126	26.09%
3	英國	8.216	23.49%
4	日本	2.947	8.43%
5	台灣	0.577	1.65%
6	南韓	0.251	0.72%
7	泰國	0.168	0.48%
8	新加坡	0.132	0.38%
9	荷蘭	0.073	0.21%
10	美國	0.072	0.21%
總額(含其餘資金)		34.975	100.00%

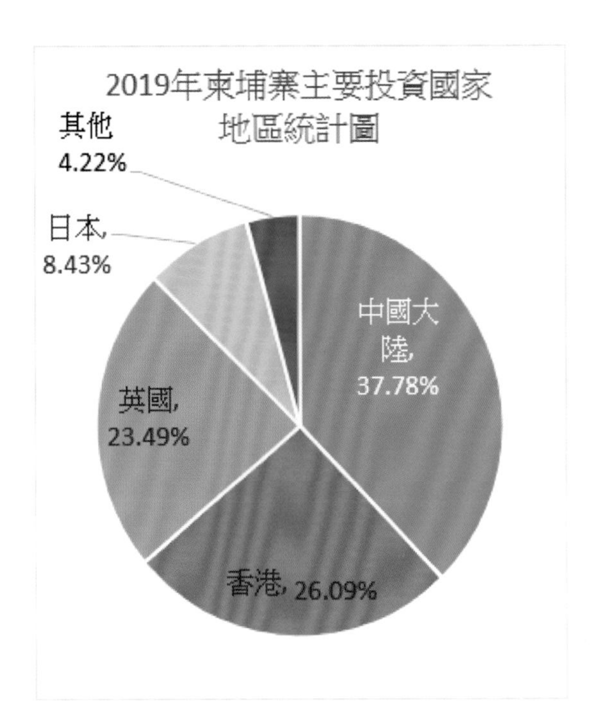

過去10年，柬埔寨的國內生產總值(GDP)保持穩定增長。根據世界銀行統計，而自2009至2019年間，柬埔寨的家庭人均收入上升3倍，貧困人口佔全國人口比重從47%下降至35%，證明柬埔寨近10年間，已迅速成為東南亞的新經濟力量。

據柬埔寨政府的初步統計，2019年，柬埔寨GDP總值為270.9億美元，按年平均增長7.1%。2020年因受新冠肺炎疫情重創，GDP只有262.12億美元，同比下降3.7%。人均GDP為1683美元。其中，旅遊業遭受疫情的衝擊最大，同比下降9.7%；建築業總體下降3%；農業增長1%；製衣、製鞋和手工業下降27%。但年末外匯儲備為213.34億美元，同比增長13.7%。

成衣和製鞋業一向是柬埔寨最重要的出口產業，佔商品出口總額的八成，聘用超過60萬名工人。為了控制疫情，柬埔寨政府已將工人列入優先接種疫苗人群，並於2021年4月7日起，開始為全國工人接種疫苗，首階段預計約有10萬名工人接種疫苗。

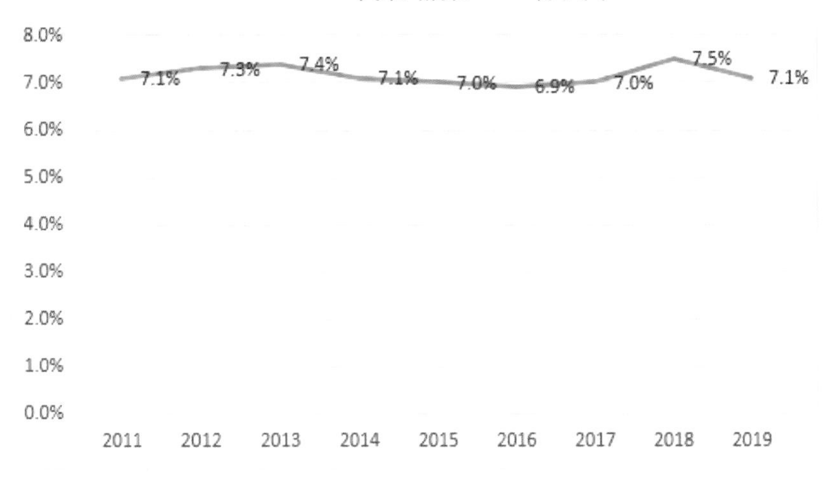

資料來源：世界銀行

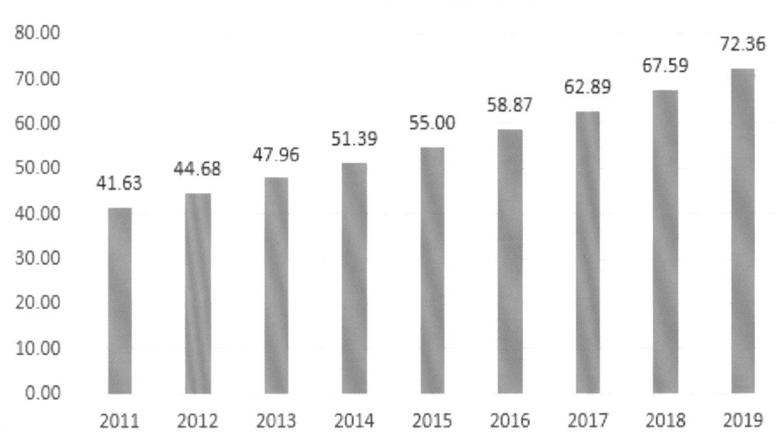

資料來源：世界銀行

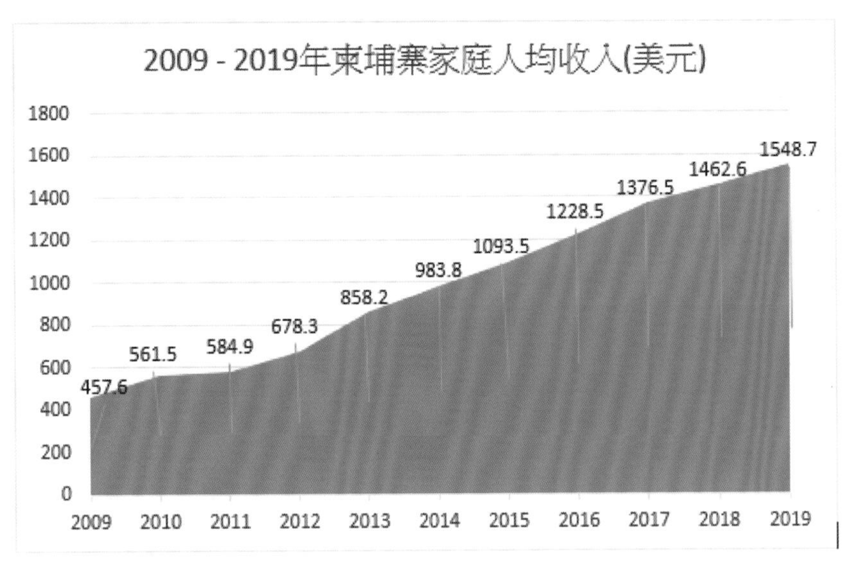
2009 - 2019年柬埔寨家庭人均收入(美元)
1800
1600
1400
1200
1000
800
600
400
200
0
457.6
561.5
584.9
678.3
858.2
983.8
1093.5
1228.5
1376.5
1462.6
1548.7
2009
2010
2011
2012
2013
2014
2015
2016
2017
2018
2019

資料來源：CEIC

3: 與多國簽署自由貿易協定

3.1 普惠制待遇

柬埔寨自2004年加入世界貿易組織(WTO)，成為低度發展國家(Least Developed Country, LDC)。在WTO下享有特殊與差別待遇(Special and Differential Treatment,SDT)。它同時獲得日本、歐盟、美國等29個已發展國家或地區，給予《普遍性優惠關稅待遇》(Generalized System of Preferences, GSP,簡稱普惠制)。柬埔寨自2001年2月約有 5,000 項輸往歐盟的產品可享零關稅，即使歐盟在2020年8月撤回部份優惠，柬埔寨仍能享有8成產品進口歐盟的免稅優惠。至於美國方面，約有4,800項產品可享低關稅或零關稅待遇。2016 年 6 月 30 日，美國貿易代表處(USTR)更宣佈給予柬埔寨旅行產品(travel goods)GSP零關稅待遇，涵蓋行李箱、登山用背包、女用手提包以及錢包等。

為增強競爭力，柬國政府已宣佈了一系列措施包括：降低物流成本、減少公眾假期、降低電費、簡化出口程式，取消原產地認證收費等措施，以降低製造業和出口產品的成本。

3.2 《中柬貿易協定》優惠

自2021年，柬埔寨與中國簽署的《中柬自貿協定》生效後，兩國將大幅降低商品進出口關稅。從此輸往中國的產品97.4%將實現零關稅，340類柬埔寨輸入中國的產品可獲關稅減免，其中包括紡織材料及製品、機電產品、雜項製品、金屬製品、交通工具等。農作物如：芒果、菠蘿、香蕉、大米、蔬菜、大蒜、穀物、胡椒，肉類、海產和某些罐頭等，亦可獲免關稅入口。而輸往柬埔寨的產品，最終90%貨品會實現零關稅。兩國已設定目標：同時，兩國會進一步開放服務市場，柬國承諾開放實驗室研發、集裝箱貨運等。中國在金融、交通運輸等領域給予柬國最高水準的市場准入待遇。與入世承諾相比，中國在社會服務、醫院服務、體育和娛樂、專業設計等22個領域開放了新的市場，並在金融、環境、計算機、廣告、海運和旅遊等37個服務領域作出改進。因此《中柬自貿協定》除了有利於招商引資外，更有助柬埔寨在旅遊、建築、飲食等各行各業的發展。

區域全面經濟伙伴協定(RCEP)成員國

4: RCEP使經濟邁向世界

柬埔寨於2020年11月已簽署《區域全面經濟伙伴協定》(RCEP)，這協定是由10個東盟成員國，與中國、日本、韓國、澳洲、紐西蘭，共計15個國家構成。協議旨在向外部經濟體系如中亞國家、南亞及大洋洲等開放市場，通過削減關稅壁壘，為建立統一市場而設立的自由貿易協定。各成員間承諾於未來10年內降至零關稅。RCEP現已超越歐盟自由貿易區，成為世界上最大的自由貿易經濟體系。

柬埔寨亞洲願景研究院院長強萬納里認為，協定將促進區域內國家經濟從新冠疫情造成的負面影響中復蘇，並將「釋放出一個清晰的信號，即在貿易保護主義和單邊主義抬頭的背景下，亞洲區域經濟一體化進程仍然活力十足。」。他又指出：「一帶一路」建設已推動區域基礎設施建立和互聯互通發展，這是促進貿易和吸引投資的關鍵。他期待RCEP和包括「一帶一路」在內的發展倡議實現「共振」，促進區域開放和包容發展。

柬埔寨最高國家經濟委員會高級顧問梅·卡萊恩指出：協定將讓所有成員國長期受益，也為全球經濟帶來好處，它為柬埔寨擴大與其他國家、地區的貿易往來創造更多機遇，加上「一帶一路」建設將幫助柬埔寨發展物流系統、提高基礎設施互聯互通水平、加速工業發展，有助於提升柬埔寨的整體競爭力。

柬埔寨貝爾泰國際大學教授約瑟夫·馬修斯則表示：RCEP將成為推動東盟和其他區域擴大貿易的加速器。RCEP有利柬埔寨擴大市場，加大出口力度，為柬埔寨參與區域內新價值鏈、加大招商引資力度等各方面創造新機遇。預計RCEP會令柬埔寨的出口額年增長率達到7.3%，投資增加23.4 %，國內生產總值（GDP）再增加多2%。而削減關稅將為柬埔寨的電信產品、信息技術產品、紡織品、鞋類產品與農產品帶來新機會。

5: 經貿政策吸引

5.1 可全資擁有不同產業：

為吸引外資，柬埔寨實行開放的自由市場經濟政策，對外商差不多全面開放各項投資產業。除菸草、農藥、危害人體健康化學品、電影生產、出版事業及媒體等項目有經營條件限制外，其餘行業均開放予外資經營，外資可全資100%擁有不同的產業(土地除外)。

5.2 合格投資項目(QIPs)優惠計劃：

柬埔寨所有投資，受1994年頒布的投資法及相關法律管轄。而按《投資法》設立的柬埔寨發展理事會（CDC）是專責促進該國投資和發展、審批合格投資項目(QIPs)的機構。凡是CDC認可的QIPs項目，最長可獲免稅三年至九年，或就生產、加工中使用的有形資產價值，提供40%的特殊折舊提存優惠；或生產設備、建築材料進口免徵關稅；或100%免徵出口稅等。

5.3 經濟特區 (SEZs)優惠：

近年，政府為SEZs的開發商和外國投資者提供額外優惠，包括：最長九年豁免利得稅；設備、機械和建築材料進口稅和關稅減免；臨時批准輸入建設所需的運輸設備和機械免稅；允許將所有收入自由從經濟特區轉移到其他國家銀行；建立經濟特區的土地特許權(長達50年的可續期租約)，允許他們開發、分割或分租土地，讓租戶在長期統籌工廠活動上有更大的靈活性。

同時，柬埔寨政府已於多個外資較多的經濟特區內，提供「一站式」服務，匯聚柬埔寨發展局、商務部、海關、進出口檢驗及反欺詐局(Camcontrol)、勞工部等相關政府部門和省政府代表，現場提供公司註冊及投資許可證、出口/進口許可證、工作許可證等所需的檔案處理服務。這些服務有助投資者節省走訪多個政府機構的時間，縮短申請流程。

柬埔寨眾多的經濟特區中，以金邊經濟特區(PhnomPenh Special Economic Zone) 發展最早、最為發達。金邊經濟特區是柬、日合資項目，不論基礎設施或配套都已完備。而西哈努克經濟特區(Sihanoukville SEZ)規模最大，進駐的企業主要來自中國、歐美等。西哈努克經濟特區為廠家提供物流便利，成品可經西哈努克國際深水港、火車站或西港國際機場對外輸送。

曼哈頓(柴楨)經濟特區(Manhattan SEZ)和大成巴域經濟特區(Tai Seng Bavet SEZ)規模較小，但受助於鄰國越南的基礎設施和運輸支援，對製造商來說具有相當吸引力。

整體而言，柬埔寨吸引外資的成效卓越。自2003年3月通過《王國投資法修正案》後，自 1994年至2019年，柬埔寨累計共引入外資416.76億美元，中國大陸為最大的投資國，而香港僅次於中國大陸，成為柬埔寨的第二大投資地區。

6: 創業條件優厚

柬埔寨的主要產業有旅遊、服裝、建築、碾米、漁業、木製品、橡膠、水泥、寶石開採和紡織品等，不少外商已投入巨額資積極發展有關行業。為了吸引更多外資，柬埔寨政府推出了下列計劃：

6.1 柬埔寨及香港所提供的創業優惠

柬埔寨因位處東盟的心臟地帶，靠近中國市場，又是中國「一帶一路」的戰略據點，不少企業，若要開拓新基地，柬埔寨都會是熱門選擇。而為了改善柬埔寨製造業過份集中依賴紡織成衣及鞋業的情況，自2020年起，凡投資於特定的製造業或生產項目，創業資金只需低至20萬美元，就可享有柬埔寨的外商投資獎勵。香港合資格的企業更可善用香港政府的資助，申請「BUD專項基金計劃」。凡為發展品牌、升級轉型或拓展營銷、發展自貿協定市場等，均可申請撥款。香港政府更計劃於2021年7月起將累積資助金額調升至港幣600萬元。

6.2 設廠出口享免關稅待遇

柬埔寨的工業發展十分迅速，柬政府的招商政策更加進取，包括容許外資在境內全資擁有企業，對利潤或資金進出不設限制。加上，柬埔寨主要以美元結算，減少了匯率的風險。稅務優惠更可長達9年，進口貨物和製成品的出口關稅均可申請豁免。同時，在柬埔寨設置生產綫，更有以下優點：

(1)地利：柬埔寨位於東盟中心，靠近中國大陸，它是大湄公河南部建設的經濟走廊，與泰國、越南和老撾相連，南臨暹羅灣，盡享地區網絡優勢；

(2)貿易優惠待遇：產品可免關稅進口到主要的發達國家及地區包括：日本、歐盟、英國、美國等29個國家或地區；通過RCEP，更可以免關稅或以低關稅進口東盟各國、澳洲、中亞南亞及非洲等地。

(3)營商環境：政局長期保持穩定，能確保政策的持續性。

6.3 柬埔寨設廠注意事項

(1) 避免在交通擁擠的市區設廠

金邊是柬埔寨最繁盛的地方，設立公司，招聘人手，物流與金融服務都十分方便。但是製造業若有意在金邊設廠，應該選擇近郊地帶。金邊市中心一帶就如其他大城市一樣，交通阻塞問題已很嚴重，當地政府更實施禁令，限制大型工業車輛在日間駛進。為紓緩交通問題，柬埔寨於2019年1月開始興建第三條金邊環形道路，預計於2021年12月完工。這條環形道路將與多條主要國道及金邊自治港連接，對金邊市郊的交通運輸有極大的幫助，落成後對廠家在金邊市郊設廠，必然有更大吸引力。

(2) 柬政府鼓勵工業多元化發展

柬埔寨的工業製成品和服裝加工原料，幾乎全靠進口，出口產品絕大部分為服裝。服裝加工企業一直是外貿增長的主要動力。近年，柬埔寨的服裝出口佔出口總額比重的95%以上。出口市場主要有歐美，原料進口自東盟和東亞國家。由於柬埔寨的經濟迅速發展，服裝製造業已面對工資不斷上升的壓力，以及來自孟加拉、緬甸等其他低成本生產基地的競爭。為促進工業多元化發展，柬埔寨政府已推行了《2015-2025年工業發展政策》，鼓勵投資高增值行業，例如機械及設備組裝業、天然資源加工業、資訊科技業及電訊業等。

7: 國家基建及配套完善

柬埔寨政府把基礎設施建設和改善列為「四角戰略」的重要任務之一。以公路和內河運輸為主的交通網絡已成為發展重心。公路運輸是柬埔寨最主要的運輸方式，佔總客運運輸量的65%、貨運運輸總量的69%。截至2019年年底，柬埔寨路網總長度接近八萬公里，境內第一條高速公路，連接金邊和西哈努克港的高速公路正在建設中。國道主要是以首都金邊為中心的8條公路。鐵路方面，柬埔寨僅有南北兩條鐵路幹線，總長655公里。北線從金邊至西北部城市詩梳風，全長385公里；南線從金邊至西哈努克港，全長270公里。

柬埔寨的空運，主要為客運，貨運並不發達。柬埔寨有金邊、暹粒和西哈努克省3個國際機場。由於柬埔寨政府實施航空開放政策，近年來，開通柬埔寨航線的航空公司數量穩步增長，在柬埔寨營運的國內外航空公司已達47家。航班數量超過10萬個，客流量超過1000萬人次。2016年6月，柬埔寨國會通過了《中國-東盟航空運輸協議》，批准了第五航權，目的是吸引更多國際航空公司在柬埔寨機場作中途停留，上下旅客和裝卸貨物，吸引更多遊客來柬埔寨旅遊，此舉將對柬埔寨民航事業及旅遊業的發展起重大作用。

7.1 新國際機場

柬埔寨現有三座新國際機場陸續竣工啟用，分別位於金邊、暹粒及戈公省。

(1) 金邊新國際機場

新機場於2023年竣工後，將成為世界第九大機場。

金邊新國際機場設計圖

金邊新國際機場位於乾拉省大金歐市，距離首都金邊約20公里，佔地面積2,600公頃。建築工程共分三個階段，第一階段工程預計2023年竣工，包括佔地面積24.3萬平方米的客運大樓，全長4000米的4F級機場跑道，控制塔台高108米。總投資額為15億美元。由柬埔寨政府及海外柬埔寨投資公司(OCIC)成立的柬埔寨機場投資有限公司（Cambodia Airport Investment）負責新機場的經營與管理。

金邊新國際機場的第一階段在2023年完成後，初期每年可接待約1300萬人次、2030年將接待3000萬人次，到2050年將可接待5000萬人次。這座大型機場為4F級國際機場，可供A380-800與波音747-800機種起降。

(2) 七星海國際機場

七星海國際機場位於柬埔寨西南部戈公省的一個渡假區，它是「七星海旅遊渡假特區」的建設項目之一，該渡假特區包括酒店、高爾夫球場、遊艇設施和碼頭，賭場及大型國際機場。該國際機場於2016年底動工興建，工程正進行得如火如荼，預期於2021年竣工，並於2021年7月或8月份正式啟用。

七星海國際機場擁有全長3200米的單一跑道，是柬埔寨目前最長的跑道，也是柬埔寨目前等級最高的機場。這座國際機場，每年的吞吐量可達75萬人次，為4E級國際機場，可起降容納200至350名乘客的空中巴士A340、波音757及777等大型遠程廣體客機。七星海國際機場正式啟用後，將進一步加速戈公省經濟發展，相信該機場將吸引更多國際航空公司進駐。

七星海國際機場

(3) 暹粒吳哥新國際機場

暹粒吳哥新國際機場位於目前暹粒國際機場以東50公里處，距暹粒市中心51公里，距世界遺產吳哥遺址群約40公里，佔地面積約700公頃。它是柬埔寨政府開發的新計劃。現有的暹粒機場旅客吞吐量已接近飽和。由於距離吳哥遺址群僅5公里，如果只擴建現有機場，飛機起降產生的振動，勢必影響到古遺址的地基結構，不利於對古遺址的保護。因此政府決定另覓新址興建一個全新的機場。

新國際機場的設計標準為4E級機場，已預留地方於未來擴建為4F型機場，新機場現已動工，預計於2023年建成。完成後初期每年的吞吐量約為700萬人次、到2030年，該機場的吞吐量將可提升至1000萬人次。

以上三個國際機場，相繼於2021年及2023年落成。金邊及暹粒兩座新國際機場，投資額超過23億美元，預計在2023年建成，以取代目前使用中的機場，另一座位於戈公省新國際機場，則預計於2021年內投入運營。這些新國際機場，將進一步促進柬埔寨全國人流、物流互通，為柬埔寨經濟發展、區內貿易、創造就業崗位及旅遊業發展等，產生相當助益。

暹粒吳哥新國際機場

7.2 高速公路建設規劃項目
(Express Way Development Plan)

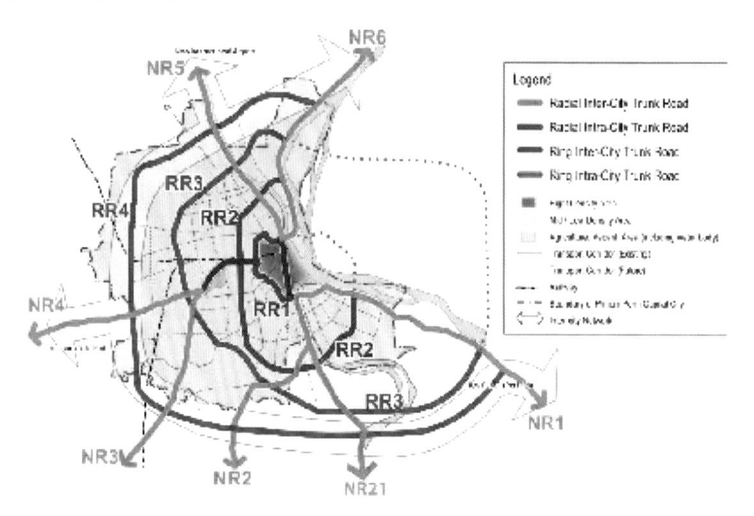

高速公路建設規劃項目 (Express Way Development Plan)

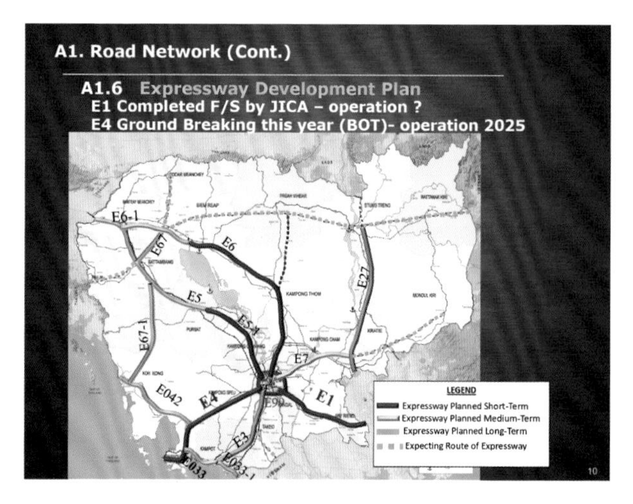

柬埔寨高速公路規劃圖

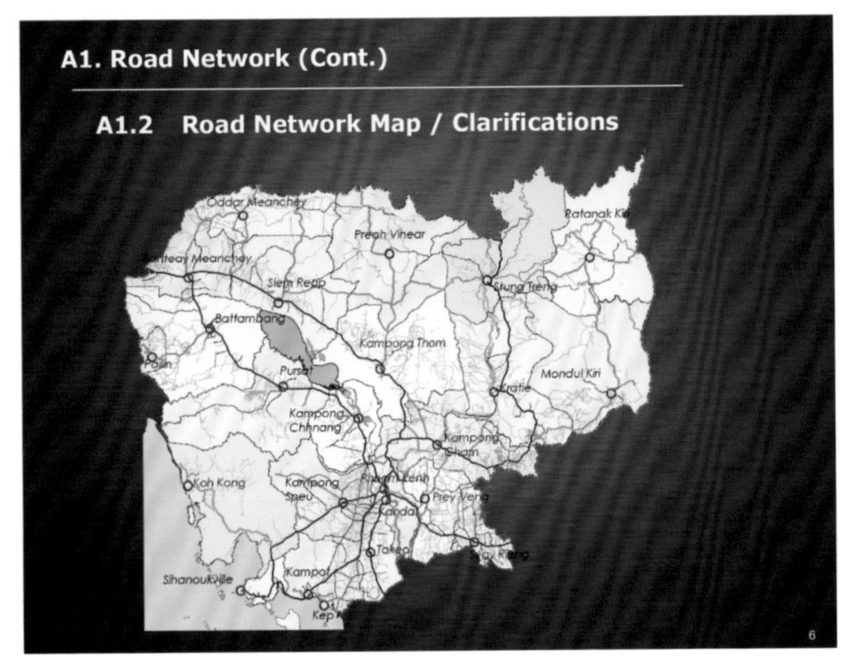

柬埔寨道路網

為了連接柬埔寨各重要經濟特區與鄰國樞紐，方便人流、物流，便利外來人士如遊客、外地員工及投資者出行，柬埔寨政府已將高速公路建設，制定為重型運輸服務和現代化產業的重點發展項目。據柬埔寨政府製定的高速公路建設規劃項目（Express Way Development Plan），在金邊市內，除了會興建一條全長155公里的金邊環城高速公路，至少會興建7條高速公路，全長2200公里。包括：

(1) 金邊至西哈努克港高速公路：

全長190.63公里，耗資約20億美元。以雙向4線柏油路行車，預期2013年3月竣工。起點為金邊市第3條環城路，終點為西哈努克省斯登豪縣，沿途經過6縣、1區、2市、31個鄉鎮和110個村莊，將修建89座小型橋樑、4個服務區，並設立加油站和公路綠化隔離帶。竣工後，來往兩大城市的車程可從4至5小時縮短至2.5小時，對金邊與西港的進出口產品運輸，人流、物流整合有莫大好處。

金邊─西港高速公路

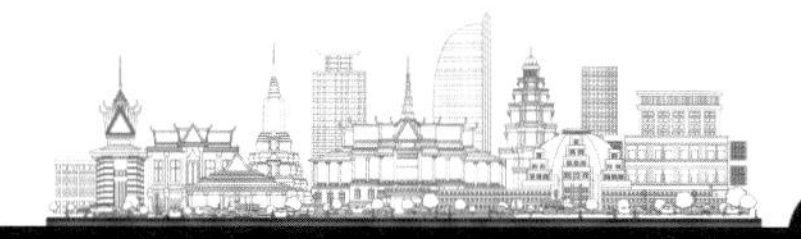

(2) 金邊至巴域高速公路：

全長約135公里，耗資38億美元，預算2030年竣工；由於公路約有80公里需要穿越湖泊和洪泛平原，因此，建設造價比通往西哈努克的公路更為昂貴。

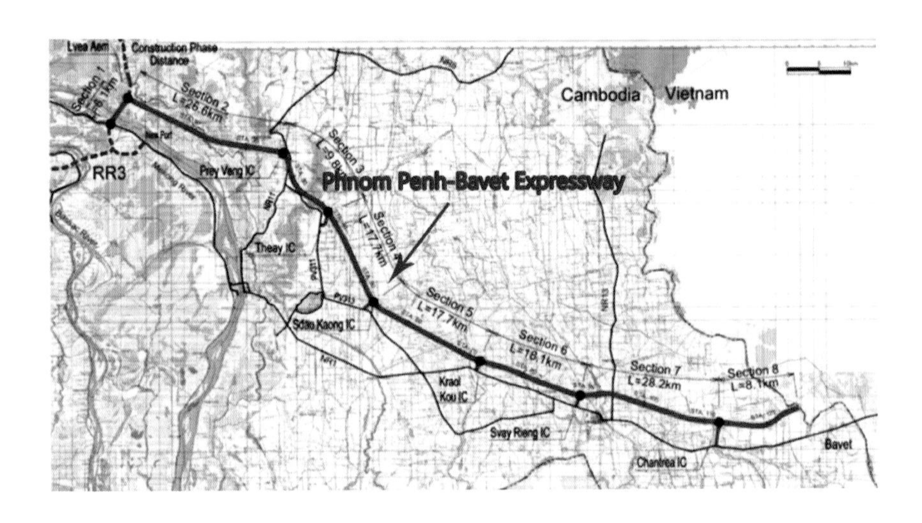

金邊—巴域 高速公路

(3) 金邊至波比高速公路：

金邊—波比市高速公路

全長約355公里，預期2025年通車；波比市是泰國和柬埔寨之間的重要過境點，兩國貿易和商業的重要通道。波比市擁有超過10家賭場，是柬埔寨的賭城。

(4) 金邊至是士芬高速公路：

金邊─是士芬高速公路

金邊至卜迭棉芷省是士芬高速公路，全長約400公里，預期2030年竣工。

(5) 金邊至老撾邊境高速公路：全長約355公里，預期2030年完工；
(6) 暹粒至越南邊境高速公路：全長約390公里，預期2030年通車；
(7) 白馬至國公省高速公路：全長220公里，預算於2030年完成。

7.3 金邊輕軌(AGT)

金邊跟其他發展快速的大城市一樣，交通堵塞成為嚴重問題。為此，柬埔寨政府已規劃了從金邊市區到金邊國際機場興建高架鐵路自動導向新交通系統──輕軌（AGT）項目，以緩解金邊市內的交通阻塞。

AGT項目全長約18公里，目前已經規劃了4條幹線，包括：機場線(由金邊市中心往返金邊國際機場)，西哈努克線、莫尼列線和莫尼旺線。

金邊市中心往返國際機場線，預期在2023年東南亞運動會（SEA GAMES）舉辦前竣工啓用，屆時可滿足運動會賽事帶來的大量人潮需要，也有助於商務人士往返機場與市區。AGT落成後，將帶動沿線地區的經濟及地產項目發展。

7.4 東南亞運動會新場館

柬埔寨將於2023年5月首次主辦第32屆東亞運動會。為此而建造的新體育場館造價1.57億美元，位於金邊東北近郊，距市中心約15公里。佔地面積約16.22公頃，總建築面積8.24萬平方米。主場館共5層樓高。館內包括一個能容納6萬名觀眾的主體育場，可進行足球比賽，另有室內體育館、競技體育館、訓練場、醫療體育館、科技體育館和體能訓練館、體操館、射擊館、曲棍球中心和傳統體育館、宿舍、餐廳等，預計於2021年底完工。

據了解，新國家體育場設計方案由柬埔寨首相洪森親自選定，造型活像一艘帆船，用以體現中、柬兩國歷久彌堅的友好關係。中國政府會以無償援助性質，協助柬埔寨興建一座國家級體育館。體育館完成後，將成為金邊的地標，除了作為東南亞運動會主場館外，也會成為柬埔寨市民健身運動中心。新體育館將大大促進柬埔寨在體育、文化、教育和社會事業各方面的發展。

新國家體育館—2023年東亞運動會主場設計圖

7.5 永旺商場(AEON) 第三期

永旺(AEON)是世界500強的零售業巨頭。之前，已在金邊開設了兩家達國際標準的現代化商場(永旺1期、永旺2期)，第三家(永旺3期)已在2020年10月動工，由金邊市市長坤盛主持動工儀式。

永旺3期坐落於金邊南部棉芷區的洪森大道旁，佔地17.4公頃，比之前兩期的總面積還要大，光是購地就花費近1億美元，總投資額達3億美元。永旺3期的外型呈先進流線型、充滿科幻感的設計，將你引進未來。落成後，勢將成為金邊市的新地標，更是本地市民和外來遊客必到的勝地。

同一集團的永旺1期在2014年開業。佔地6.8公頃，位於金邊桑園區的百色河分區，靠近俄羅斯駐柬埔寨大使館，是金邊第一家世界級水準的現代化商場，現已是柬埔寨人的熱點購物中心之一。

永旺2期坐落於森速區新金邊分區李永發集團的奔白衛星城，佔地面積約10公頃，比永旺1期大了50%，投資額達1.2億美元。

日資著名品牌於10年間，在同一個國家、同一座城市建構三座如此龐大的商業綜合體，足見其對柬埔寨的經濟發展充滿信心。

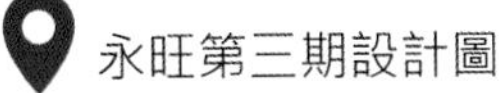
永旺第三期設計圖

7.6 石油

2017年新加坡克里斯能源公司（KrisEnergy）與柬埔寨政府簽署協議，共同開發位於暹羅灣高棉盆地的石油，單是A區採油田，面積達3083平方公里。據柬埔寨政府預測，整個A區塊可開採出3000萬桶石油，但實際產量仍有待確認。

2020年12月，位於暹羅灣的油田，開採到首批石油。據KrisEnergy估計，未來日產最高可達7500桶原油。在新油井完成後，產量更會逐步增加。

「第一滴石油」除了吸引更多外國企業到柬埔寨投資外，石油開採將有利於增加柬埔寨政府的收入，為教育和醫療提供更多財政支援。

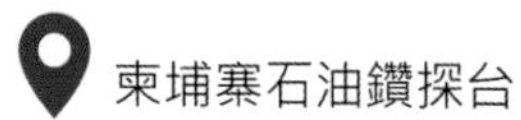

7.7 摩天大廈

金邊跟其他大城市一樣，愈來愈多摩天大樓拔地而起，使金邊成為柬埔寨的國際商務中心。現時，有多棟超過500米高的摩天大樓正如火如荼地在興建。

金邊的摩天大樓：樓高555米的鑽石塔（Diamond Tower），由柬埔寨海外華人投資公司（OCIC）和中國公司合作興建。鑽石塔項目位於高速發展的金邊鑽石島，是一座兼具現代國際式樣，並具有文化獨特性的建築地標。

鑽石島「金匯」（MESONG）：佔地面積5000平方米，由香港盈達發展（Wonder Development）與世界著名的英國建築公司NOVO Architects設計，世界重量級工程公司MOTT MACDONALD和香港上市的室內設計及管理公司莊皇集團公司Sanbase Corporation共同精心打造。

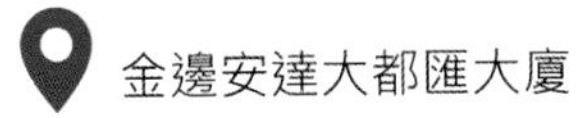

金邊安達大都匯大廈

金界娛樂城3（Naga 3）：項目斥資約35億美元，重金禮聘以賭場規劃和設計聞名的Steelman Partners公司設計，建成後將成為首都金邊最高的大樓之一，據Steelman Partners公司執行董事長Steelman透露，他將打通一條地下通道，把金界1、2、3期連接起來，客戶可透過地下通道自由往來。

樓高230米的皇家一號專案（Royal One）：坐落於莫尼旺大道與俄羅斯大道交界，皇家一號所在地段堪稱金邊地王，周邊有著名的中央市場，未來更彙集皇家集團總部、五星級酒店、頂級住宅、頂級寫字樓和商場，它是柬埔寨崛起的里程碑。

奧林匹亞城（Olympia Tower）：樓高213米，共53層，位於金邊首都黃金地帶。投資金額達5億美元，建成後將擁有5星級酒店和高級辦公樓。

摩根大廈（Morgan Tower）：樓高210米，共46層，投資1.6億美元，由Morgan Group集團策劃，位於金邊鑽石島。

 金界娛樂城3

四：置業篇 柬埔寨樓房值得投資？

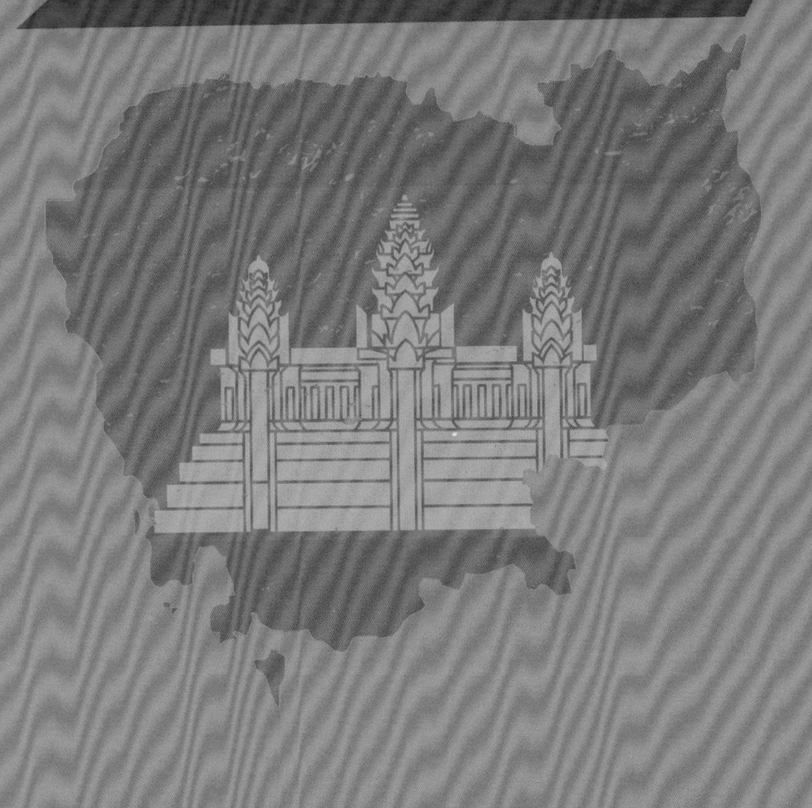

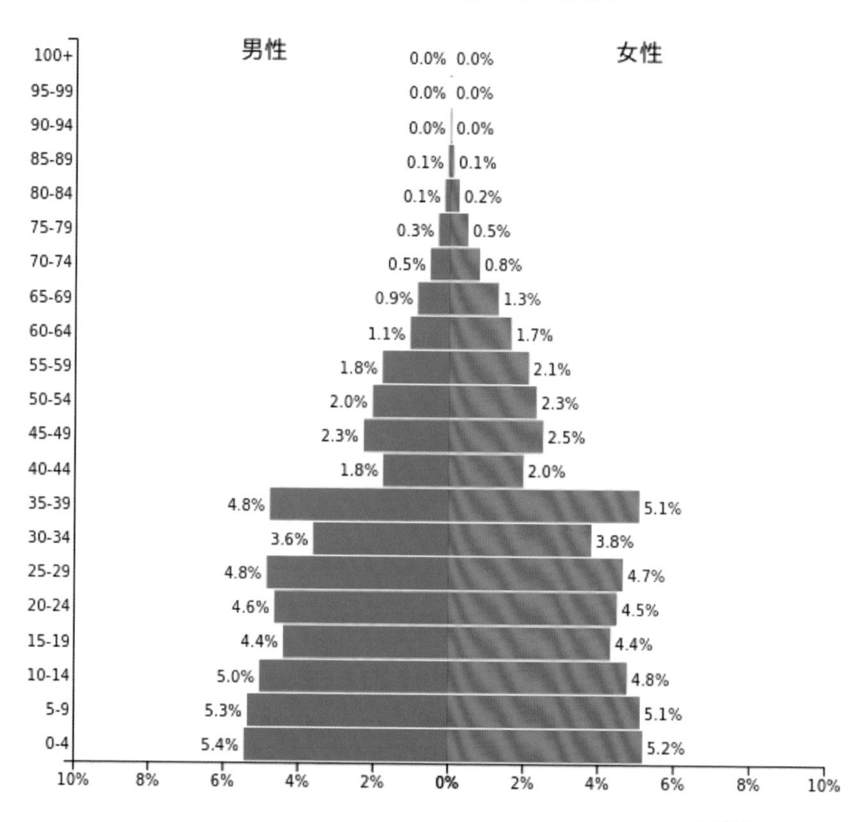
柬埔寨本土人口的增長及年齡分佈
男性
女性
100+
95-99
90-94
85-89
80-84
75-79
70-74
65-69
60-64
55-59
50-54
45-49
40-44
35-39
30-34
25-29
20-24
15-19
10-14
5-9
0-4
0.0% 0.0%
0.0% 0.0%
0.0% 0.0%
0.1% 0.1%
0.1% 0.2%
0.3% 0.5%
0.5% 0.8%
0.9% 1.3%
1.1% 1.7%
1.8% 2.1%
2.0% 2.3%
2.3% 2.5%
1.8% 2.0%
4.8% 5.1%
3.6% 3.8%
4.8% 4.7%
4.6% 4.5%
4.4% 4.4%
5.0% 4.8%
5.3% 5.1%
5.4% 5.2%
10% 8% 6% 4% 2% 0% 2% 4% 6% 8% 10%
PopulationPyramid.net
柬埔寨 - 2020
Population: 16,718,970

入市的5大原因

1.1 人口激爭帶動需求

截至2020年，柬埔寨已有1650萬人，35歲以下的年青人佔總人口的75%。依此趨勢，不出十年之後(2030年)，柬埔寨人口將增加至2000萬，到了2050年，更達至2500萬人。人口的激增，對社會的配套、房地產、醫療等各方面帶來巨大的需求。

更重要的是：柬埔寨的人口分佈一向甚不平均，截至2020年，華人及華僑人口約110萬(佔全國15%)，九成多聚居於首都金邊，金邊人口於2020年初，已達228萬，而人口最少的白馬省，全省只有4.2萬人。因此，金邊的樓房需求更大。

1.2 適婚人士有住房需要

25至44歲的青壯年人，一直是購買樓房的主力。因為他們已屆適婚年齡，自然有成家立業的需要。加上，他們多已在社會上工作了一段時間，具備經濟能力。現時柬埔寨屬於這個年齡層的人口佔3成，約有500萬人。到2030年，更增至超過600萬人。青壯年人數的不斷增加，自然對房地產的需求激爭。根據柬埔寨國土規劃和建設部發佈的報告指出，到了2030年，居民住房需求量將增長至85萬棟，也就是說柬埔寨每年需要提供5萬棟住房，以供居民的需要，而屆時一線的大城市，最少會有700萬人居住，巨大的居住需求，將令房地產價格上揚。

柬埔寨人口的平均年齡預測1950年 – 2050年

Cambodia: Average age of the population from 1950 to 2050 (median age in years)

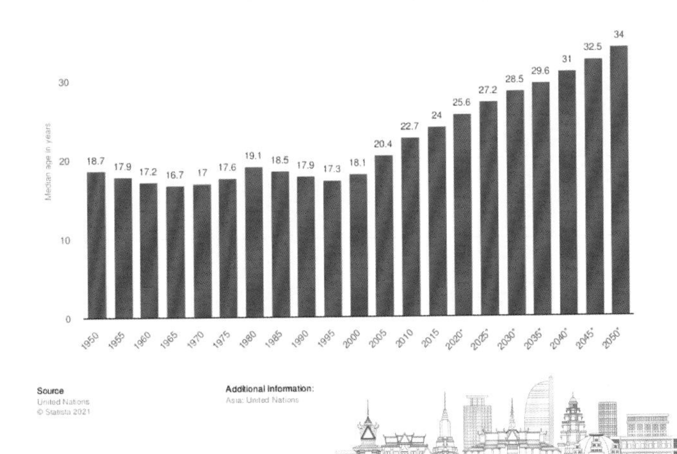

1.3 中產渴求住房素質升級

過去十多年，柬埔寨的經濟表現十分亮麗，國民生產總值(GDP)平均上升7%或以上，傲視全球。加上外資湧入，加速了國家的發展，人民的生活素質得以改善，收入不斷增加。根據CEIC資料顯示，2019年柬埔寨家庭人均收入已達1548美元，9年間上升3.4倍。按此倍數增長，柬埔寨人的購買力和消費力將會相當驚人。

據國際勞工組織評估，2004年，柬埔寨的中產階級僅佔總勞動人口的1成，只有64萬人。到了2008年已急增至16%，合共120萬人。而在2017年，中產階級已佔勞動人口的31.6%，達到280萬人。中產人數的激增，帶動了柬埔寨人對中端房屋的需求。年青一代，多喜歡擁有會所設備及專業管理的屋苑。據柬埔寨政府當局推算，2030年柬埔寨便能步入中等收入國家之列，屆時中產階級人數更會倍增。柬埔寨人的購買力也會隨之躍升，內需大幅度增長，優質的房產需求將會更大。

1.4 房屋供應量尚未飽和導至價量齊升

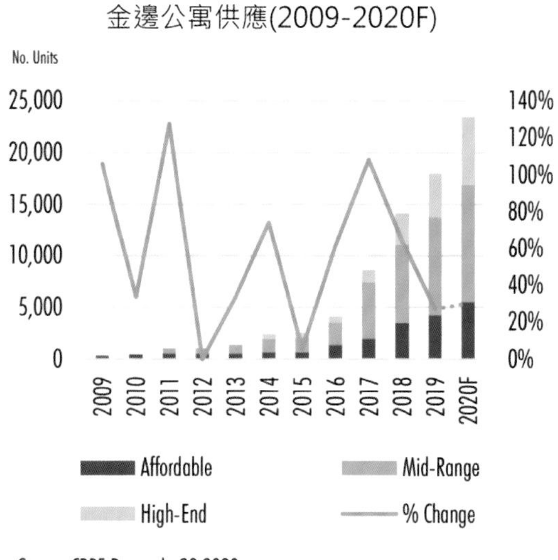

Source: CBRE Research, Q3 2020

截至2019年第4季，市場上有27個新地產項目啟動，另有11個地產項目竣工，分別增加了16,500套和3,800套的住宅單位，而現時住宅市場的層級分布都比較近乎常態分布：中等級數的約佔5成，而較高端的或較便宜的(一般市民負擔得起)則各佔約4分之1。住宅樓宇的租金收益仍然吸引，現時大多數高端公寓都由外資持有，少數較富裕的柬埔寨人則會購買當地豪宅，作為第二套住房。而中產家庭主要考慮購買中價公寓。柬埔寨人對可負擔單位的市場需求持續攀升，預期到了2020年，將出現令人驚豔的成長速度。

近年，首都金邊的住房需求仍然不斷攀升，帶動建築業蓬勃發展。由2019年約有1萬8千個單位落成，至2020年，已上升至2萬8千個，升幅達55%。而高、中、低檔次數量的比例，仍維持以中檔次佔多數，約佔46%，而高、低端住宅供應數量，分別為24%及30%。售價方面，截至2019年第4季度，低端房售價約1500美元/平方米，中檔次房售價約2600美元/平方米，至於高端豪宅，售價約3200美元/平方米。

金邊公寓平均售價(2017第1季至2021第1季)

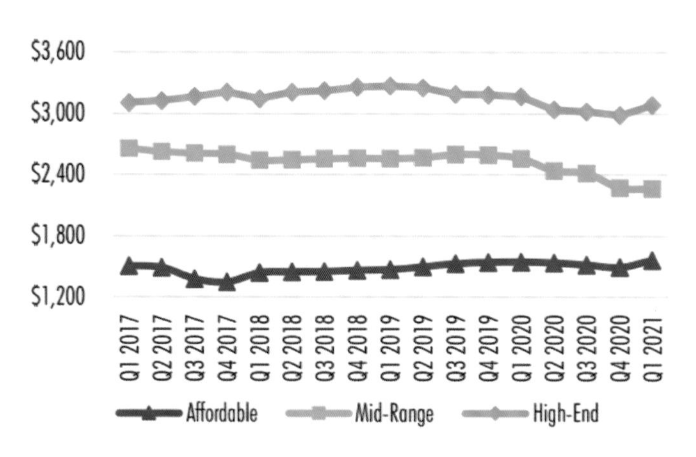

Source: CBRE Research, Q1 2021

3年間，金邊黃金地段的豪宅樓價已增值約35%，而租金回報約有8%，樓價每年平均上漲10%至20%。由於金邊基礎建設正不斷完善，柬埔寨樓價增值空間將會維持多年。

1.5 柬埔寨樓價於東南亞仍然偏低

對於外國投資者而言，目前柬埔寨房價仍然偏低，即使比較起鄰近的東南亞地區，越南的胡志明市，每平方米約6千美元、泰國曼谷每平方米接近9千美元、馬來西亞吉隆坡更要接近約1萬美元。所以柬埔寨金邊仍是一個投資置業的好地方。據柬埔寨媒體報導，李嘉誠亦準備斥資30億美元，在柬埔寨建立一棟樓高133層的大廈。顯而易見，大家都一致看好柬埔寨的地產市場。

2 買賣須知及稅務

2.1 柬埔寨購買房屋或土地需知

2010年，柬埔寨通過《外國人持有產權法案》，允許年滿18歲以上外國人自由買賣不動產。只需憑護照，就可以自由買賣高層建築物(2樓以上的房屋)。外國居民可獲得與柬國公民相同的房產產權證，享有永久產權。至今柬埔寨仍不設限購。

近年來，因有大量的中國投資客來柬埔寨買賣土地和房屋，使柬埔寨的土地房產投資買賣市場日漸壯大。但是柬埔寨政策規定，外國人不能以個人名義在柬埔寨購買土地或別墅，因此，外國人不能購買一樓的房屋，只允許持有二樓以上的房屋產權，同時，只登記建築物產權，沒有土地產權。帶土地證的產權，僅限柬埔寨本國人持有。

2.2 柬埔寨購房流程

在柬國購買房產，一般有六個步驟，包括：
看房選房、交定金、簽協議、交首付、簽合同、交房，購買時須注意以下事項：

(1) 選定房源，交定金，一般為3000美元。

(2) 持護照簽訂認購協議，確定支付方案。
開發商一般會提供多種支付方案，包括：全款支付或分期付款。常見的一年分期方案有：首付30%；後期每3個月付一次，一次15%，一年4次，共計60%；交房時，再支付10%。

(3)支付首付款。(通常定金交付後7天內，首次付款，首付比例通常30%-50%）

(4) 與開發商簽訂購房合同及補充協議等文件。

(5) 項目竣工交房時，支付尾款。（分期通常10%）

(6) 房屋交付後，辦理硬卡，辦理週期約為3-6個月，也有開發商約定一年內辦理。

2.3 柬埔寨房產各階段需繳納稅費明細

(1) 購買階段：
更名費：硬卡辦理之前可更名一次，費用500-1000美元。
律師費/公證費：由買家自己支付，約300-500美元。

(2) 持有階段：
(A)房屋交易稅：也稱註冊稅、印花稅、契稅、過戶稅，房屋買賣轉手需要繳納，金額為房屋總價的4%，屬一次性支付。該費用針對硬卡過戶辦理，只有硬卡*產權的房屋才會收取，軟卡*產權的房屋則不需要繳納。

(B)房產稅，也稱財產稅、不動產稅。自2011年5月起，凡價值超過1億柬幣（約合2萬5000美元）的房產，地主或屋主均須納稅，稅率為0.1%，每年納稅一次。
房產稅=(稅基*80%-$25,000)*0.1%

(C)租賃稅：也叫租金所得稅，如果房屋買來出租，需要繳納稅費。柬埔寨本地人或常駐外籍人士(居住時間超182天以上)，繳納租金所得稅10%；非常住外籍人士（182天以內的），繳納租金所得稅14%，每月繳納。

(3)疫情下的「救市」措施：
凡於2020年2月至2021年1月購買房價總值低於7萬美金的房屋，可免繳房產稅，該利好措施，只針對向財經部或各省市財經局註冊的房地產開發商。
相關政策、流程和稅費以柬政府部門要求為準。
（文章來源：駐柬埔寨王國大使館經濟商務處）

*硬卡—由柬埔寨國土部發出的不動產持有證書（或稱土地使用證書）或不動產所有權證書。獲得官方認可。

*軟卡—軟卡是一般民間的證明文件，如介紹信、簡單買賣書、遺囑等。
由於硬卡是由政府發出的正式文件，所以購買時較有保障。

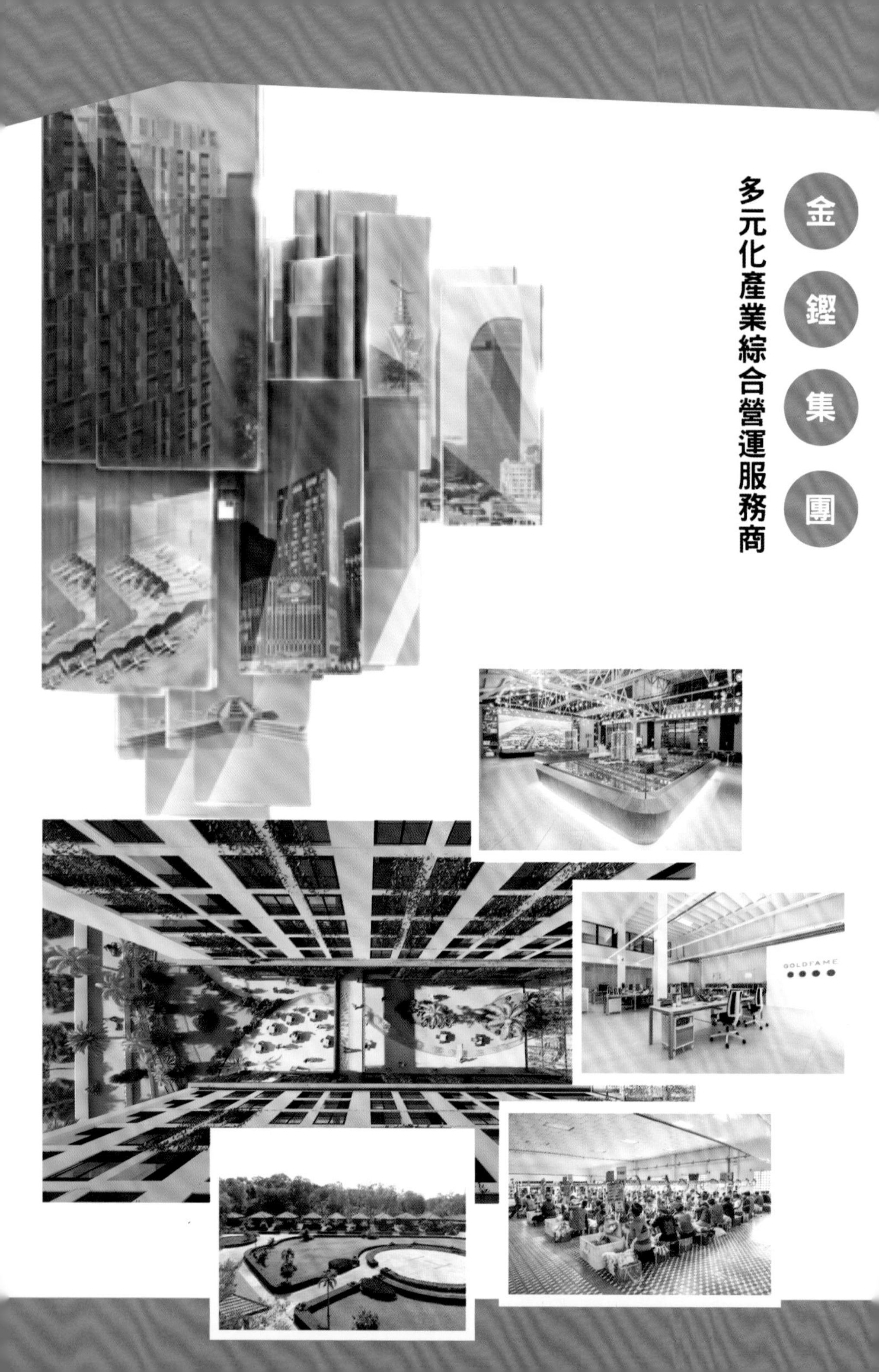
金鑾集團
多元化產業綜合營運服務商
GOLDFAME

3. 金鏗集團——多元產業綜合運營服務商

香港金鏗集團，柬埔寨領先的實業集團。
1992年，金鏗集團在中國香港成立。企業觸角遍及針織、地產、林業、保險金融、傢俱製造和印刷等服務，先後在中國廣東、柬埔寨、西班牙設立分公司。本著"鏗然有聲，得您信任"為使命，通過不斷創新生意模式，打造產品和服務品牌，有效促進產業發展，逐步成為世界聞名的跨國集團。

1996年，金鏗集團正式進軍柬埔寨進行大規模的實業投資，投資產業涉及針織製造、地產開發、森林、印刷、金融等諸多領域，累計在柬埔寨成立九家針織工廠，四家農業公司，並參股銀行，土地儲存量位居柬埔寨第二，產業遍佈柬埔寨各大省市，在職員工超過三萬人。

“金鑁針織”位居全球五大針織成衣製造商之列。而在柬埔寨，每一座由金鑁集團打造的地產專案，幾乎是所在城市最受歡迎的項目：“符合柬埔寨人民消費的Urban Loft、充滿現代化特色的首都·國金一期和二期、領先的共用創意園......。”金鑁集團旗下的Urban Hub地產公司一次次擘畫著城市的高度。

首都·國金，綻放時代光芒

首都·國金 是“國際創意園”加上 “現代化住宅”的融合體，坐落於柬埔寨首都金邊城市熱點地段洪森大道上，總佔地面積約76萬平方米，坐北朝南，面向美麗的湄公河支流百色河畔。

全東南亞最大創意園

【首都 · 國金】一期

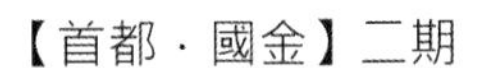

【首都 · 國金】二期

作為柬埔寨當下唯一相連城市兩條主幹道的地產項目，它的出場注定會在世界舞臺上綻放出耀眼的光芒。連續兩年榮獲16項國際房產大獎，並得到無數政商人士的認可和加持。

右二為柬埔寨首相洪森長子三軍總師令洪馬內
右一為金鑾集團地產項目【首都．國金】創辦人及主席 李駿機
左一為金鑾集團地產項目【首都．國金】創辦人及執行董事 陳潔盈

金鑾集團地產項目
【首都．國金】二期 奠基儀式

2019，2020 連續兩年共獲得16項大獎

目前，首都·國金一期800多套住房單位已如約交付，二期已售五分之四，有超過150家來柬發展的企業在此落戶。

【首】在售項目：首都·國金二期
【都】開發商：Urban Hub（Cambodia）Co.,Ltd
【國】房產類型：高端公寓（住宅）
【金】占地面積：7.7萬平方米
【海】單元：1883戶
【外】包租：兩年
【置】戶型：LOFT、一房、兩房、三房
【業】產權年限：永久產權
【第】交房時間：2023年6月
【一】設計：英國倫敦David Cole事務所
【站】驗房單位：香港HKBIA樓宇檢驗學會

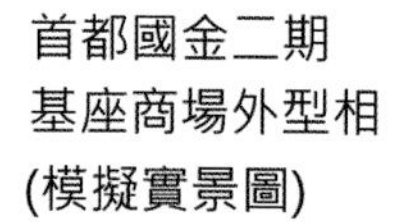

首都國金二期
基座商場外型相
(模擬實景圖)

首都國金二期健身房
(模擬實景圖)

首都國金二期高層遠望湄公河
(模擬實景圖)

首都國金二期樓盤外型相
(模擬實景圖)

綜合優勢：

【品牌最強】金鑾集團，柬埔寨最大港資投資集團，深耕柬埔寨30載，全球員工超3萬人。
【規模最大】76萬平方米綜合體項目，內擁東南亞最大的國際創意園，商業配套成熟。
【配套最全】68%的綠化率，近5000平方米的商業配套，辦公、生活居住、餐飲、休閒娛樂等一應俱全，設施齊全全齡化，適合一家大小，安居樂業。

【品質最優】英式標準建築，國際建築事務所監督施工。
【服務最佳】自有物業服務，一線的專業人才，讓居住者生活順心、安心。
【錢景最好】與國際知名託管公司攜手，海外放租全程代辦，租住率高、收益穩定。

樓盤處於優越地理位置：
金邊國際學校(1分鐘)
英國皇家法律經濟大學(5分鐘)
BKK1和使館區(8分鐘)
永旺商場1號(10分鐘)
Naga1、2、3(12分鐘)
金邊新國際機場(20分鐘)

公司註冊証書

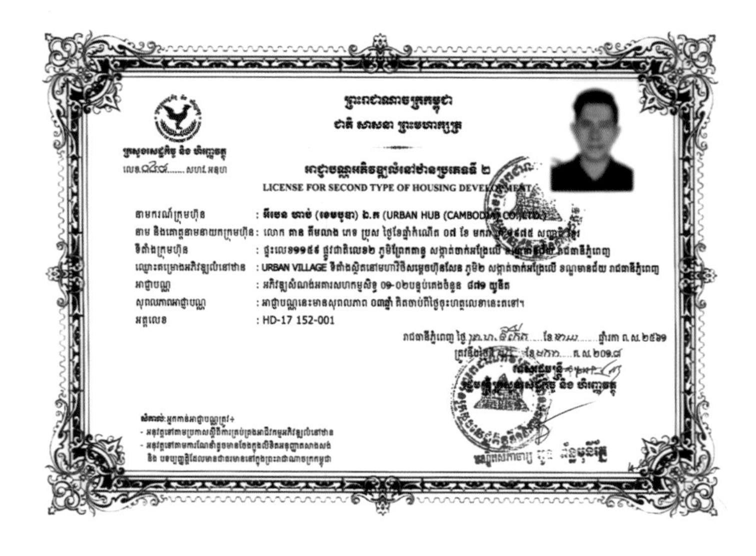

LICENSE FOR SECOND TYPE OF HOUSING DEVELOPMENT

: URBAN HUB (CAMBODIA) CO., LTD.

: URBAN VILLAGE

: HD-17 152-001

房屋開發商許可證

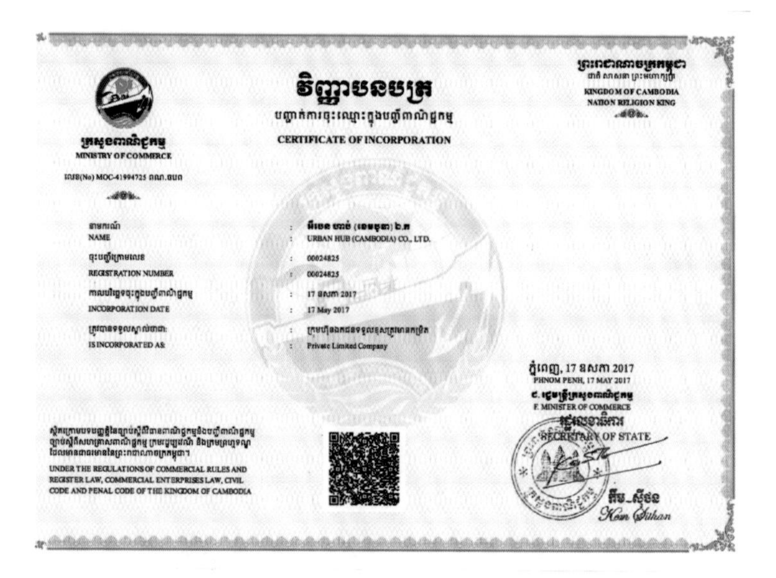

KINGDOM OF CAMBODIA
NATION RELIGION KING

MINISTRY OF COMMERCE

No MOC-41994725

CERTIFICATE OF INCORPORATION

NAME	: URBAN HUB (CAMBODIA) CO., LTD.
REGISTRATION NUMBER	: 00024825
INCORPORATION DATE	: 17 May 2017
IS INCORPORATED AS	: Private Limited Company

PHNOM PENH, 17 MAY 2017
F. MINISTER OF COMMERCE
SECRETARY OF STATE
Kem Sithan

UNDER THE REGULATIONS OF COMMERCIAL RULES AND REGISTER LAW, COMMERCIAL ENTERPRISES LAW, CIVIL CODE AND PENAL CODE OF THE KINGDOM OF CAMBODIA

稅務証

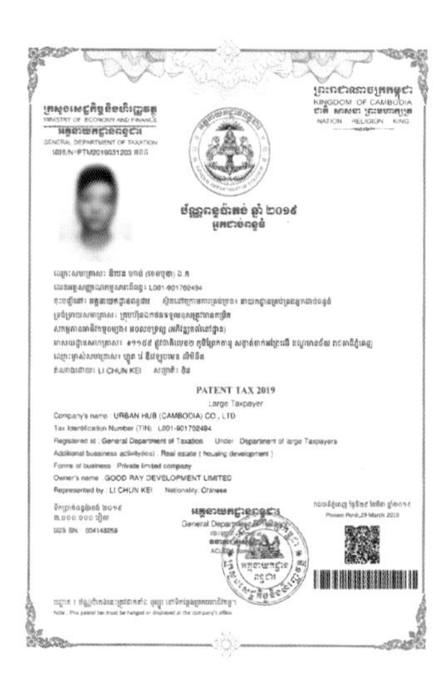

ព្រះរាជាណាចក្រកម្ពុជា
KINGDOM OF CAMBODIA
ជាតិ សាសនា ព្រះមហាក្សត្រ
NATION RELIGION KING

ក្រសួងសេដ្ឋកិច្ចនិងហិរញ្ញវត្ថុ
MINISTRY OF ECONOMY AND FINANCE
អគ្គនាយកដ្ឋានពន្ធដារ
GENERAL DEPARTMENT OF TAXATION

ប័ណ្ណពន្ធប៉ាតង់ ឆ្នាំ ២០១៩
អ្នកជាប់ពន្ធធំ

PATENT TAX 2019
Large Taxpayer

Company's name: URBAN HUB (CAMBODIA) CO., LTD
Tax Identification Number (TIN): L001-901702494
Registered at: General Department of Taxation Under: Department of large Taxpayers
Additional business activity(ies): Real estate (housing development)
Forms of business: Private limited company
Owner's name: GOOD RAY DEVELOPMENT LIMITED
Represented by: LI CHUN KEI Nationality: Chinese

Phnom Penh, 29 March 2019

General Department of Taxation

Note: This patent tax must be hanged or displayed at the company's office.

ព្រះរាជាណាចក្រកម្ពុជា
ជាតិ សាសនា ព្រះមហាក្សត្រ

ក្រសួងរៀបចំដែនដី នគរូបនីយកម្ម និងសំណង់
លេខ: ១០៥ [illegible]

ថ្ងៃ [illegible] ព.ស. ២៥៦២
រាជធានីភ្នំពេញ ថ្ងៃទី២៧ ខែមីនា ឆ្នាំ ២០១៩

លិខិតអនុញ្ញាតសាងសង់

យោង:
- អនុក្រឹត្យលេខ ៦២ អនក្រ.បក ចុះថ្ងៃទី ២០ ខែកក្កដា ឆ្នាំ ១៩៩៩ ស្តីពីការរៀបចំ និងការប្រព្រឹត្តទៅរបស់ក្រសួងរៀបចំដែនដី នគរូបនីយកម្ម និងសំណង់
- អនុក្រឹត្យលេខ ៨៦ អនក្រ.បក ចុះថ្ងៃទី ១៩ ខែធ្នូ ឆ្នាំ ១៩៩៧ ស្តីពីលិខិតអនុញ្ញាតសាងសង់
- អនុក្រឹត្យលេខ ៤២ អនក្រ.បក ចុះថ្ងៃទី០៣ ខែមេសា ឆ្នាំ ២០១៥ ស្តីពីនគរូបនីយកម្ម រាជធានី ក្រុង និងទីប្រជុំជន
- អនុក្រឹត្យលេខ ៧២ អនក្រ.បក ចុះថ្ងៃទី ១១ ខែសីហា ឆ្នាំ ១៩៩៩ ស្តីពីកិច្ចដំណើរការវាយតម្លៃហេតុប៉ះពាល់បរិស្ថាន
- អនុក្រឹត្យលេខ ១២៦ អនក្រ.បក ចុះថ្ងៃទី ១២ ខែសីហា ឆ្នាំ ២០០៩ ស្តីពីការគ្រប់គ្រង និងប្រើប្រាស់អគារសហកម្មសិទ្ធិ
- អនុក្រឹត្យលេខ ២៣៥ អនក្រ.បក ចុះថ្ងៃទី ២៥ ខែធ្នូ ឆ្នាំ ២០១៧ ស្តីពីការគ្រប់គ្រងប្រព័ន្ធលូ និងប្រព័ន្ធប្រព្រឹត្តកម្មទឹកកខ្វក់
- ប្រកាសរួមលេខ ៦៤៨ សហវ.ប្រក ចុះថ្ងៃទី ០៧ ខែកក្កដា ឆ្នាំ ២០១៧ រវាងក្រសួងសេដ្ឋកិច្ច និងហិរញ្ញវត្ថុ និងក្រសួងរៀបចំដែនដី នគរូបនីយកម្ម និងសំណង់ ស្តីពីការផ្តល់សេវាសាធារណៈរបស់ក្រសួងរៀបចំដែនដី នគរូបនីយកម្ម និងសំណង់
- ពាក្យស្នើសុំលិខិតអនុញ្ញាតសាងសង់អគារពហុមុខងារ ចុះថ្ងៃទី ១០ ខែតុលា ឆ្នាំ ២០១៧ របស់ក្រុមហ៊ុន **ហ្គូតរ៉េ ឌីវេឡុបមេន លីមីធីត** តំណាងដោយលោក **[illegible]**
- លិខិតលេខ ២៤២/១៨ [illegible] ចុះថ្ងៃទី ២០ ខែវិច្ឆិកា ឆ្នាំ ២០១៨ របស់រដ្ឋបាលរាជធានីភ្នំពេញ។

ក្រសួងរៀបចំដែនដី នគរូបនីយកម្ម និងសំណង់ ឯកភាពលើសំណើសុំសាងសង់អគារពហុមុខងារ ស្ថិតនៅលើក្បាលដីមានប័ណ្ណសម្គាល់សិទ្ធិកាន់កាប់អចលនវត្ថុលេខ ភព ៥៥៥២០ ទំហំ ៣៥.៤០៩ ម៉ែត្រក្រឡា មហាវិថីសម្តេចតេជោ ហ៊ុន សែន ភូមិព្រែកតាគង់ និងភូមិព្រែកតាទេព សង្កាត់ចាក់អង្រែលើ ខណ្ឌមានជ័យ រាជធានីភ្នំពេញ រួមមាន៖ អគារពហុមុខងារប្រភេទ (A) ចំនួន ០១ អគារ កម្ពស់អតិបរមា ៦៩,២០ ម៉ែត្រ មានជាន់ផ្ទាល់ដី ជាន់ទី ១ ដល់ជាន់ទី ១៩(E_0-E_{19}) និងដំបូលតែរ៉ាស់ អគារពហុមុខងារប្រភេទ (B) ចំនួន ០១ អគារ កម្ពស់អតិបរមា ៧៣,២០ ម៉ែត្រ មានជាន់ផ្ទាល់ដី ជាន់ឡូហ្គឺ ជាន់ទី ១ ដល់ជាន់ទី ២១(E_0, $E_{1/2}$, E_1-E_{21}) និងដំបូលតែរ៉ាស់ អគារពហុមុខងារប្រភេទ (C) ចំនួន ០១អគារ កម្ពស់អតិបរមា ៨៤,៧០ ម៉ែត្រ មានជាន់ផ្ទាល់ដី ជាន់ឡូហ្គឺ ជាន់ទី ១ ដល់ជាន់ទី ២៥ (E_0, $E_{1/2}$, E_1-E_{25}) និងដំបូលតែរ៉ាស់ មានផ្ទៃក្រឡាសំណង់សរុប **៣៥៥.១១៦,០៥ ម៉ែត្រក្រឡា** របស់ក្រុមហ៊ុន **ហ្គូតរ៉េ ឌីវេឡុបមេន លីមីធីត** តំណាងដោយលោក **[illegible]** ដោយម្ចាស់សំណង់ត្រូវបំពេញលក្ខខណ្ឌដូចខាងក្រោម៖

១. ត្រូវរៀបចំឱ្យមានសួនច្បារបើកចំហឱ្យបានយ៉ាងតិច ៣០% នៃផ្ទៃដីឡូត៍ដែលនៅសល់ពីការសាងសង់ ត្រូវដាំដើមឈើ និងរុក្ខជាតិបៃតងឱ្យបានអតិបរមា និងប្រើប្រាស់អគារសន្សំសំចៃថាមពល ប្រើប្រាស់សម្ភារៈសំណង់សមស្រប ស្របតាមគោលនយោបាយជាតិអភិវឌ្ឍន៍បៃតងរបស់រាជរដ្ឋាភិបាល។
២. ត្រូវរៀបចំចំណតសម្រាប់រថយន្តចំនួន ៦០៣ ចំណត ហើយរៀបចំផ្លូវចេញចូលសម្រាប់អ្នកប្រើប្រាស់ចំណត ឱ្យបានត្រឹមត្រូវតាមបទដ្ឋានបច្ចេកទេស ដើម្បីសុវត្ថិភាព និងងាយស្រួលចេញ-ចូល។
៣. ត្រូវរៀបចំផ្លូវថ្មើរជើង និងបរិក្ខារសម្រាប់ជនពិការក្នុងបរិវេណដីឡូត៍នៅច្រកចេញ-ចូលអគារ និងខាងក្នុងអគារ ឱ្យបានត្រឹមត្រូវតាមបទដ្ឋានបច្ចេកទេស។
៤. ត្រូវសិក្សាសោភ័ណភាពស្ថាបត្យកម្ម មានរចនាប័ទ្មខ្មែរសមស្រប និងរៀបចំឱ្យមានពន្លឺ និងខ្យល់ចេញ-ចូលក្នុងអគារឱ្យបានគ្រប់គ្រាន់ ស្របតាមបទដ្ឋានបច្ចេកទេស និងចំពាក់សម្ភារៈសំណង់ដែលមិនប៉ះពាល់ដល់សុវត្ថិភាពសាធារណៈ សុខភាព បរិស្ថាន និងសណ្តាប់ធ្នាប់។
៥. ហាមប្រើប្រាស់ផ្លូវ ចិញ្ចើមផ្លូវ ទីធ្លាសាធារណៈ ជាកន្លែងទុកដាក់សម្ភារៈសំណង់ ឧបករណ៍សំណង់ និងគ្រឿងចក្រសាងសង់ ដែលគ្មានការអនុញ្ញាតពីអាជ្ញាធរមានសមត្ថកិច្ច។
៦. ត្រូវរៀបចំឱ្យមានហេដ្ឋារចនាសម្ព័ន្ធ ប្រព័ន្ធគ្រប់គ្រងសំណល់រឹង-រាវ រៀបចំអាងប្រព្រឹត្តកម្មទឹកកខ្វក់ ចំពាក់អាងស៊ីតបូរុះទឹកកខ្វក់ ប្រព័ន្ធលូស្របតាមមុខងារប្រើប្រាស់នៃអគារមុនបង្ហូរចេញ ប្រព័ន្ធទឹកស្អាត ប្រព័ន្ធអគ្គិសនី ឱ្យបានត្រឹមត្រូវតាមលក្ខណៈបច្ចេកទេសដោយមានការពិនិត្យយល់ព្រមពីសមត្ថកិច្ចជំនាញពាក់ព័ន្ធ ព្រមទាំងប្រើប្រាស់បច្ចេកទេសសាងសង់សមស្រប ដើម្បីធានាសុវត្ថិភាពដល់សំណង់ជិតខាង ការពារបរិស្ថាន សុវត្ថិភាពសាធារណៈ និងសុខុមាលភាពសង្គម។
៧. ត្រូវសិក្សាប្លង់ប្រព័ន្ធបង្ការ និងពន្លត់អគ្គិភ័យស្របតាមបទដ្ឋានបច្ចេកទេស និងមានការបញ្ជាក់ទទួលស្គាល់ពីអគ្គស្នងការដ្ឋាននគរបាលជាតិ។
៨. ត្រូវអនុវត្តតាមបន្ទឹមសារដែលមានចែងនៅក្នុងលិខិតអនុញ្ញាតសាងសង់ និងបទបញ្ជាទាំងឡាយដែលមាននៅក្នុងគម្រោងប្លង់ស្ថាបត្យកម្ម។
៩. ក្នុងករណីមានការលក់ចំណែកណាមួយនៃអគារពហុមុខងារ ម្ចាស់សំណើត្រូវអនុវត្តតាមបទប្បញ្ញត្តិទាំងឡាយដែលមាននៅក្នុងអនុក្រឹត្យស្តីពីការគ្រប់គ្រងនិងប្រើប្រាស់អគារសហកម្មសិទ្ធិ។
១០. ត្រូវសុំការអនុញ្ញាតជាមុនពីក្រសួងរៀបចំដែនដី នគរូបនីយកម្ម និងសំណង់ ក្នុងករណីមានការកែប្រែមុខងារអគារ សោភ័ណភាពអគារ ឬការសាងសង់បន្ថែមផ្សេងៗ។
១១. ត្រូវស្នើសុំរបាយការណ៍វាយតម្លៃហេតុប៉ះពាល់បរិស្ថាន (EIA) ពីក្រសួងបរិស្ថាន។
១២. បន្ទាប់ពីទទួលបានលិខិតអនុញ្ញាតសាងសង់ ត្រូវស្នើសុំលិខិតអនុញ្ញាតបើកការដ្ឋានសាងសង់ ដោយភ្ជាប់មកជាមួយនូវ៖ ក). កិច្ចសន្យាសិក្សាគម្រោងប្លង់ និងប្លង់គ្រឿងផ្គុំសំណង់ដែលសិក្សាដោយរូបវន្តបុគ្គល ឬនីតិបុគ្គលជាវិប្រកាសដែលបានចុះបញ្ជី និងទទួលស្គាល់ដោយ

建築準許證書

功能配套：

秉承只租不售的產業運營方式對外進行招商，歷經三年精心運營，項目內各項配套商業運作純熟，已成為具備“休閒娛樂、兒童教育、創業孵化、活動展覽”等功能的現代化園區。

蒙特梭利幼稚園

聯合辦公空間

餐飲店

首都·國金一期大堂

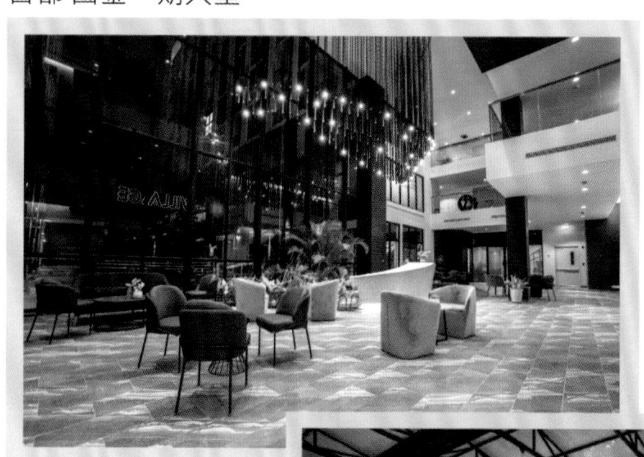

首都·國金一期游泳池

首都·國金一期大堂

特色服務:

1.基礎類服務 — 從使用者體驗出發，為住客提供完善的公共設施和物業配套，以及相宜的空間載體及基礎設施服務。並從各種微小細節出發，提供24小時的保姆式服務。

2.市場類服務 — 提供物業託管服務，每月定時代為收租，令投資者安枕無憂。

3.政務類 — 為華資企業在柬埔寨提供更便捷、更迅速的開展業務，包括指導企業獲悉政策，為其申請各項證件或代辦商業登記。

置業方式
銷售：一次性付款，折扣優惠大；免息分期付款，緩解資金壓力。
租賃：辦公、住宅，戶型齊備，可滿足不同的選擇。
定制：在滿足總體規劃的前提下，可根據客戶需求為其提供度身定制的服務。

五：創業篇 您適合來柬埔寨創業?

1.創業的 9 大優勢

1.1 勞動力低廉

近年，世界各大型企業紛紛進駐柬埔寨，中國企業也不甘落後。這與柬埔寨的勞動力相較低廉有關。據柬埔寨勞動部資料顯示，2020年，工人的最低工資為每月190美元。除每月工資外，工人每月可獲出勤費10美元、交通和租金補貼7美元。而在職兩年或以上的工人可獲資歷補貼，薪金可獲調升至每月209至220美元不等，柬埔寨工人的薪金相對其他東南亞國家仍算低廉。

投資柬埔寨的部份外資企業

1.2 市場開放、美元結算、外匯寬鬆

為吸引外資，柬埔寨實行開放的自由市場經濟政策。除菸草、農藥、危害人體健康化學品、電影生產、出版事業及媒體等項目有經營條件限制外，其餘行業均開放予外資經營，外資可全資100%擁有不同的產業(土地除外)。

加上柬埔寨沒有嚴格的外匯管制，資金可自由進出及兌換，在外貿交易、財政支出上，享有更多自主權。加上，柬埔寨可以用美元結算，減低匯率風險。瑞爾更可直接兌換美元，近5年來，匯率穩定在4000瑞爾兌1美元，相當穩定。

1.3行業始創 商機無限

柬埔寨一向重點扶持工業，其中服裝業佔當地出口6成以上，國際知名品牌如 Adidas、H&M等都有採購柬埔寨成衣。而為免出口貿易過份依賴紡織、成衣及鞋業，柬埔寨政府已推出《2015-2025年工業發展政策》，鼓勵投資高增值行業，例如：機械及設備組裝業、天然資源加工業、資訊科技業及電訊業等。由於柬埔寨很多行業，仍處於始創階段，例如：電子商務、IT行業、網購、醫藥、保險、廣告、營銷、農產品加工等，因此商機無限。

1.4 享有多國稅務優惠 RCEP有助衝出國際

柬埔寨自2003年加入世界貿易組織(WTO)，作為低度發展國家（LDC），享有多項出口稅務優惠，包括普惠制(GSP)及除武器和彈藥外(EBA)所有產品免稅待遇，獲得由美國、歐盟、英國等29個國家及地區給予的GSP關稅及配額優惠。而柬埔寨自1999年加入東盟，2020年11月，東盟十國與日本、韓國、中國、美國及新西蘭簽署了《區域全面經濟伙伴協定》(RCEP)，柬埔寨除了獲得東盟各國及協約國的關稅優惠外，更有助柬埔寨的貿易與國際接軌。2010年，柬埔寨簽訂了《柬中自由貿易協定》，從此由柬埔寨輸往中國的產品97.4%可享零關稅，兩國更會進一步開放服務市場。凡此種種，均有利於柬埔寨的商貿發展。

1.5 香港政府基金支援 有助分散生產基地

香港特別行政區政府於2012年6月推出「發展品牌、升級轉型及拓展內銷市場的專項基金」（簡稱「BUD　專項基金」），協助企業透過發展品牌、升級轉型及拓展內銷市場，開拓及發展內地市場業務。到了2018年8月，更將「BUD　專項基金」的資助地域範圍擴大至東盟市場，包括柬埔寨，2021年7月起將分階段推出新一輪優化措施，增加每家企業的累計資助上限至600萬元。

現今中美磨擦擾攘多時，加上內地生產成本不斷上漲，把製造業務和採購活動，遷移到中國以外的地區已成大勢。東盟成員國柬埔寨既是東南亞中心，又是中國「一帶一路」的戰略據點，加上年青勞動人口的紅利、出口免稅待遇和一系列招商政策，可達到分散生產基地，起互補發展的作用。

1.6高收入人群增加 中產階級崛起

過去廿年，柬埔寨國民生產總值(GDP)平均上升7%或以上，人民的生活素質得以改善，收入不斷增加。根據CEIC資料顯示，2019年柬埔寨家庭人均收入已達1548美元，9年間上升3.4倍。據國際勞工組織評估，柬埔寨的中產階級人數，由2008年只有120萬人(佔總人口16%)急升至2017年的280萬人(佔總人口31.6%)。中產人數的激增，除了帶動房屋的需求外，更有利各行各業轉營及向中、高端科技的發展。

1.7 對外資政策自由 經濟特區紅利不斷

為了吸引外資，柬埔寨提供了各項投資優惠，包括免徵生產物料及設備進口關稅，扣減貨品出口增值稅、豁免企業所得稅最長為期9年等。而且柬埔寨的利得稅僅20%，比鄰近的越南和馬來西亞都要低。

截至2020年底，柬埔寨已有46個經濟特區。為了簡化各種證件的申領流程，柬埔寨政府已在經濟特區內，提供「一站式」服務，方便公司註冊及申請投資許可證、進出口許可證、工作許可證等。有些經濟特區，甚至給予外資長期可續性租約，以便企業長期營運，或分租予其他機構，為不同的行業提供更好、更具彈性的發展空間。

1.8 懂多國外語方言 「海歸」人數漸多

由於旅遊業是柬埔寨的經濟支柱，在金邊等主要城市，一般都可以用英語溝通；另外華語在柬埔寨亦十分流行，因為自90年起，中國、台灣及香港等地華人已經投資柬埔寨，到了今天，中國、台灣及香港亦在當地設有大量廠房，加上中、柬政治關係友好，於當地不難找到懂中文的專業人員或翻譯。這對香港投資者而言無疑是更加便利。

隨著柬埔寨的政局穩定、外貿發展迅速，近年「海歸」的柬埔寨人不斷增加。他們不但把國外的技術及管理制度引進柬埔寨，而且大多能掌握柬語及英語，甚至其他多國語言或方言如法語、日語、韓語、越南語、普通話、潮州話及福建話等，除了有利外貿溝通及發展外，對應相關族群的生意亦應運而生。加上，近年柬埔寨大學的素質不斷提高，年青人口佔7成以上的柬埔寨，對新科技的學習及接收能力迅速，更加快了柬埔寨的科技向前發展。柬埔寨現已是全球手機「滲透率」最高的國家之一，在1500萬人口當中，手機數量竟達2000萬台。

1.9積極改善基建和物流網路

為加速基建發展的步伐，柬埔寨政府已積極改善公路網路、集體運輸統系(AGT)、國際機場與西港貨櫃碼頭的物流網路，以方便人流、貿易及貨物流通。(有關詳情，請參閱〈三經濟篇7〉)

2.創業的挑戰:

2.1人民比較隨遇而安

香港人辦事甚具效率，以快捷、具執行力著稱。但各地有不同的文化，各處鄉村各處例。柬埔寨人民多是小乘佛教信徒，性格比較樂天，隨遇而安，嚮往安逸的生活。他們喜歡按時上班、下班，不接受加班之苦，特別是一些節慶，他們不一定願意為了賺取更多工資而加班。因此，香港人到柬埔寨創業，需要調較自己的生活節奏及期望。

2.2 需好好協調勞資糾紛：

全世界工人心裡都存有加薪的願望，勞資糾紛在任何地方都有可能發生，若在柬埔寨創業，也需要用心了解當地的法規，好好協調及處理員工之間的矛盾。

3.創業須知及流程

3.1 新公司註冊：

新公司註冊，要先到柬埔寨商業部審核公司名稱。確定沒有雷同，公司名稱方可應用，然後準備以下資料：

(1)法人代表護照複印件3份
(2)法人代表4*6護照用照片3張
(3)法人代表原居地住址(包括居住證明)
(4)公司名稱及公司位址(包括辦公室房租合同原件、辦公室房產證明複印本)
(5)註冊資金：（最小5000美金起）
(6)股東資料（需複印護照，具備出生地點。執行董事電話號碼、電郵、本地電話號碼等）
(7)公司營業專案
(8)準備好上述材料後，送到商業部註冊局進行申請。

3.2 辦理稅務登記

(1)做好公司章程。
(2)拿著公司章程去銀行辦理公司帳戶，存入至少1000美金
(3)把開戶資料送交商業部，申領商業批文及執照。
(4)拿到商業執照後，15個工作日內必須前往稅務局登記，申請VAT執照。（需時1個半月至2個月工作日），否則，逾期1至30天內罰款500美金。
(5)商業部檔案提交到稅務局時，法人代表需攜同護照原件到稅務局拍照並且做指印掃描。

六 ：金融篇 柬埔寨有甚麼證券投資工具?

1.金融業現況

柬埔寨位於東盟地區的正中央，鄰近泰國、越南和老撾。從一千多年前，柬埔寨就已經是一個在東南亞舉足輕重的國家，隨著時代巨輪的轉變，變化歷歷在目。此時的柬埔寨重新回到世界的大舞臺，配合著本身的地理優勢和有效的對外放開始經濟政策，加上「一帶一路」助力下，柬埔寨最近九年的GDP以每年大約7%的平均增長率繼續推動金邊經濟向前發展，當中以旅遊業、製造業、房地產業和金融業貢獻最大。

從2012年起，在柬埔寨的投資持續增加，自2012年的29億美元增長到2016年的36億美元，增幅為24%，並在2017年繼續增長到75%。2018年投資增長約2%。與2018年相比，2019年的投資顯著增加了45%。五年間，當地投資者的投資額約佔總投資的35%。能擁有這樣的成績是因為柬埔寨政府採取了讓外資者有長期居留和註冊公司的便利。一方面是沒有貿易限制和外匯法規，美元被廣泛使用，使其在進行金融交易時更加有效。對於外資來說，確實可以將其收入和任何利潤匯回本國，亦十分重要。

再者除了高棉語、法語和英語作為官方語言除外，普通話也越來越普及，多國語言的廣泛使用，直接令跨國交流更加有效，使柬埔寨的發展領先於其他鄰國，如越南和老撾。　再配合柬埔寨政治社會穩定，極少發生重大自然災害，大大降低了潛在風險和運營成本。如今的金融行業有，銀行、衍生商品、股票交易、信託公司、小額信貸機構、保險、地產等。

在柬埔寨現時擁有51家銀行（包含外資銀行和本地銀行），在柬埔寨排名第一名和第二名的銀行是ACLEDA銀行和加華銀行（Canadia Bank）隨後是Advanced Bank of Asia Limited（ABA）屬於加拿大入資的銀行。14家專業銀行（Specialized Banks），75家小額信貸機構等等。

早在2009年柬埔寨證券交易監管局（SERC）已開拓股本證券和債務證券市場，由柬埔寨證券交易所（CSX）管理。到2021年3月份擁有7家上市股票公司 和8隻債務證券 。

http://www.cambodiainvestment.gov.kh/why-invest-in-cambodia/-investment-enviroment/investment-trend.html

https://www.nbc.org.kh/download_files/supervision/FIContacts/EN/EN_Commercial_Bank.pdf

http://www.kguowai.com/news/827.html

https://www.nbc.org.kh/download_files/supervision/FIContacts/EN/EN_Specialized_Bank.pdf

https://www.nbc.org.kh/download_files/supervision/FIContacts/EN/EN_MFI.pdf

http://csx.com.kh/data/lstcom/listPosts.do?MNCD=50101

http://csx.com.kh/data/lstbond/listPosts.do?MNCD=50201

2.股票

2.1柬埔寨現有七家上市股票公司，分別為：

(1) Pestech (Cambodia) Plc.（PEPC）是電力基礎設施專家，在馬來西亞也屬於上市公司。

(2) ACLEDA Bank Plc.（ABC）在柬埔寨排行第一的銀行

(3) Sihanoukville Autonomous Port （PAS）主要海水貿易路線

(4) Phnom Penh SEZ Plc.（PPSP）金邊經濟特區

(5) Phnom Penh Autonomous Port（PPAP）主要海水貿易路線

(6) Grand Twins International (Cambodia) Plc. GTI）台灣的製衣廠

(7) Phnom Penh Water Supply Authority（PWSA）柬埔寨提供水源的唯一公司

2.2 股票交易及開戶投資：

(1) 股票最小以一股為交易單位，每股最少約 0.30美金。

(2) 債務證券市場大部分是銀行放出的證券，最高是以9%的利息為期3年的一單位證券。外人購買證券只需要繳付7%的稅項。

(3) 柬埔寨瑞爾（KHR）作為兩者的交易工具。

(4) 整個開戶過程約需一至三天的時間，因為需要等到SERC批准申請才能開戶成功。

(5) 如需開戶投資，只需以下步驟：

(A) 到證券公司申請開戶，客戶需要提供以下資料：

a. 填寫申請表
b. 填寫並簽署客戶協議和開戶表格
c. 兩張兩寸正裝照片
d. 有效的柬埔寨身分證或者護照（外資）
e. 有效的手機號碼
f. 個人郵箱
g. 銀行帳號
h. 投資者編號

(B) 申請投資者編號需要五美元的申請費用（可通過網上或者以申請表格交給SERC）

2.3 證券承銷商(Securities Underwriters)：

根據2021年3月份的數據，柬埔寨的證券承銷商(Securities Underwriters) 有7家：

(1) Yuanta Securities (Cambodia) Plc.（元大證券）
(2) RHB Securities (Cambodia) Plc.
(3) Cana Securities Ltd（加華證券）
(4) Campu Securities Plc.
(5) SBI Royal Securities Plc.
(6) Phnom Penh Securities Plc.
(7) Cambodia Securities Plc.

2.4 證券交易商(Securities Dealers)

現在只有1家：Golden Fortune (Cambodia) Securities Plc.（金運證券）

2.5 證券經紀人(Securities Brokers)

現有4家：

(1) Acleda Securities Plc.
(2) CAB Securities Limited.
(3) Cambidia-Vietnam Securities Co., Ltd.
(4) PP Link SecuritiesCo., Ltd (柬埔寨證券通)

2.6 疫情下的股市發展：

儘管Covid-19當道，但貿易交易量持續增加，柬埔寨衍生品市場上升趨勢將持續到2020年和2021年第一季度，現仍沒有下降跡象。

而股本證券和債務證券市場在2020年都有新增加公司。這預示著該國衍生品市場與股本證券、債務證券市場的激動人心時刻快將到來。在穩定的GDP增長，政治穩定、政府的有利政策、無害的法規、廣泛的推廣以及不斷提高的市場意識支持下，它們仍然擁有大量未鎖定的機會，因此，預計在未來幾年內，柬埔寨的金融市場將大大擴展。

3 衍生工具

3.1 要註冊衍生商品經紀商的步驟有：

(1) 到商務部註冊公司的名稱；
(2) 再到稅務局辦理登記；
(3) 到SERC申請開衍生商品經紀商；
(4) 要跟現有的中央對手方合作；
(5) 註冊公司步驟完畢，全部流程大約需要3-6個月的申請時間。

3.2 衍生工具發展概況：

2015年柬埔寨迎來衍生品市場，柬埔寨證券交易監管局（SERC）在2016年推出了受監管的市場，並有史以來第一次向柬埔寨衍生品交易所（Cambodian Derivatives Exchange ）授予許可證。此後，柬埔寨衍生品市場逐漸實現了早期的承諾，並為全球衍生品的發展，做出了自己的貢獻。在2021年3月份，短短幾年內，就擁有33家衍生商品經紀商。

柬埔寨衍生品市場在市場參與者（如中央對手方、衍生商品經紀商、現金結算代理、銀行、投資者、交易商）數量以及交易量方面不斷發展和增加。將2017年的市場規模與2018年的市場規模相比較，其增長比例達到了令人難以置信的410%。2019年繼續繁榮增長，與2018年增長89%，與2017年比例增長6,520% 。

3.3 開戶投資衍生商品須知：

如需開戶投資衍生商品，只需約一個半小時，步驟如下：

(1)先跟衍生商品經紀商公司開戶，拿到客戶編號後，再去銀行開戶存錢。

(2)跟經紀商公司合作開設投資戶口，客戶需要提供以下資料：

a.有效的柬埔寨身分證或者護照

b.有效的手機號碼

c.個人郵箱

d.指定的銀行賬號，指定的銀行現有5家：

i)Acleda Bank Plc.

ii)Canadia Bank Plc.

iii)Bank for Investment and Development of Cambodia Plc.

iv)Cambodian Public Bank Plc.

4 債券及基金

4.1 要註冊證券經紀人的步驟有：

(1) 到商務部註冊公司的名稱；

(2) 再到稅務局辦理登記；

(3) 到SERC申請開設證券經紀人；

(4) 得到SERC批准再到CSX申請做會員；

(5) 再去CSA簽署合作；註冊公司步驟完畢。

(全部流程大約需要6-9個月的申請時間。)

4.2 現時，柬埔寨有8隻債券，分別是：

(1) 一款Hattha Bank Plc（HKL21A）

(2) 兩款LOLC (Cambodia) Plc.（LOLC22A）

(3) 一款Advanced Bank of Asia Limited（ABAA22A）

(4) 兩款PHNOM PENH COMMERCIAL BANK "PPCB" BANK（PPCB23A）

(5) 一款RMA(Cambodia)Plc（RMAC25A）

(6) 一款Prasac Microfinance Institution Plc（PRA23A）

七: 旅居篇 您能旅居柬埔寨？

簽證、居留或入籍

1.1 辦理簽證

(1) 免簽證

A 持普通護照 / 外交或公務護照，可免簽證入境的國家有：

為期日數	免簽證國家
30天	印尼 老撾 越南 馬來西亞 新加坡
不等 (日數)	菲律賓(21天) 泰國(14天) 汶萊 (14天) 塞舌爾 (14天)

B 持外交或公務護照，可免簽證入境國家有：

巴西、保加利亞、中國、古巴、厄瓜多爾、匈牙利、印度、伊朗、日本、蒙古、緬甸 、秘魯、俄羅斯、斯洛伐克、韓國

(2) 需簽證

A 在香港預辦簽證

凡香港(持BNO或特區護照)、澳門、中國大陸、英國居民，居港申領程序如下：

所需文件	1.護　照：需具備正本及副本，護照有效期最少6個月及一頁空白。 2.證 件 相：35mm x 45mm彩色照片 3.申請表格：填妥後，可親自遞交或委託他人代辦。
簽證類型	1.有 效 期：從簽證發出日期起計算，為期3個月。 2.停留時間：單次入境，可停留30日。 3.申請需時：約需10分鐘，無需預約。
申請地點	辦 公 室：柬埔寨駐港澳總領事館 地　址：九龍尖沙咀梳士巴利道3號星光行12樓1218室 查詢熱線：(852) 2546 0718 傳　真：(852) 2803 0570 電　郵：camcg.hk@mfaic.gov.kh 辦公時間：星期一至五(上午9:00至1:00，下午2:00至5:00) 星期六、日及香港假期休息。
費　用	港幣290元

B 電子簽證 (e-Visa)	
	申請需知
入境口岸	因不時更訂，詳情請參閱網站，現有五個入境口岸，包括： 金邊國際機場、暹粒國際機場、Cham Yeam(戈公省，由泰國出入）、Poi Pet班迭棉吉省，由泰國出入)、Bavet（柴楨省，由越南出入）
出境口岸	不限，持證人可從柬埔寨任何口岸離境。
申請網址	https://www.evisa.gov.kh/?lang=ChiT
QR Code	

C 落地簽證 (Visa on Arrival)

任何國家公民，可向出入境管理部門辦理旅遊或商務用途簽證，為期30天。需一張兩吋的證件相、護照及30美元簽證費。

1.2 工作居留

根據柬埔寨《勞工法》和《移民法》規定，所有在柬工作的外國僱員均需向柬勞工與職業培訓部或各省勞工和職業培訓局申辦《外國人工作許可證》和《合法就業證》。 外國僱員在申辦上述兩項證件時，需符合以下要求：

(1) 僱主必須擁有在柬埔寨工作的《合法就業證》、《工作許可證》
(2) 外國僱員必須合法入境;
(3) 外國僱員必須持有效護照;
(4) 外國僱員必須持有有效的居留證;
(5) 外國僱員必須適合所從事的工作，並無傳染性疾病。

《工作許可證》和《合法就業證》有效期為一年，可按規定延期，但延期後的有效期不得超過其居留證有效期。自2016年9月1日起，「外國人在柬埔寨申辦工作證」網上系統已投入使用，網址為www.fwcms.mlvt.gov.kh。但以網上申請工作證，除正常的100美元(證件費)和20美元(手續費)外，網上系統需另付30美元服務費。

1.3 入籍申請

外國公民如需取得柬國國籍，必需符合下列其中一項條件：

條件	內容
出生入籍	如父母任何一方為柬埔寨籍，其子女可獲柬埔寨籍；在柬埔寨境內出生的新生兒可獲柬埔寨籍。
結姻入籍	凡與柬埔寨籍配偶在領取結婚證后共同生活三年，並在柬埔寨居住一年或以上者，可申請加入柬埔寨籍。與柬埔寨人通婚的外國人，其未成年子女(18歲以下)也可一同申請加入柬埔寨國籍。
投資入籍	凡在柬埔寨已實際投資符合王國政府標準(32萬美元)的外國人，可申請加入柬埔寨籍，但須符合以下條件，包括： A品行端正、道德良好。 B無犯罪紀錄。 C在柬居住滿1年。 D在柬有固定住所和居住證。 E具一定的柬語能力(聽、說、寫)，瞭解柬國歷史，並願意接受柬國良好的傳統及習俗。 F身體健康、智力健全，不會給柬國造成危險或負擔。
捐資入籍	為柬埔寨社會經濟發展提供資金援助(30萬美元)，或參與柬埔寨慈善活動，對柬埔寨有特殊貢獻的外國人均可申請加入柬埔寨國籍，但須符合以下條件： A品行端正、道德良好。 B無犯罪紀錄。 C在柬居住滿6個月。 D在柬有固定住所和居住證。 E 身體健康，智力健全，不會給柬國家造成危險和負擔

(入柬埔寨籍審批手續：需向柬埔寨政府提出申請，再由政府上報國王審批。 批准加入柬埔寨籍後，須要宣誓。)

2.旅居小貼士

全年分旱季(12月- 5月)及雨季(6月-11月)，3月-4月最熱，平均35°C。11、12月最涼快，也有30°C。無地震、海嘯、颱風。

語言

1300萬人說柬埔寨語(高棉語)，英語在政府部門較為通用，法語可用於醫療考試。柬埔寨市民不少懂華語、越南語。華僑多懂潮州

貨幣

瑞爾是法定貨幣，1美元約等於4000瑞爾。日常買賣可用美元支付。近年，政府大力推動電子支付。Pi Pay使用人數最多，華人多用匯旺（HUIONEPAY）及支付寶

交通

主要用：計程車、三輪突突車和摩托車，金邊、暹粒等主要城市已有手機APP（Passapp，Grab，Exnet等）提供網約租車服務

電壓

電壓230V，插頭有A型：兩扁腳、B型：兩圓腳和G型：三腳方頭(跟香港同一型號)。

飲食

菜色多用香料，如椰子、香茅、咖喱、魚露、胡椒、薄荷葉等。但不辣，味偏偏甜甜。

**** 咖喱肉/魚 + 蔬菜 + 米飯/麵條 + 湯 = 柬埔寨常餐**

夠「8」美食：

廣東人一向喜歡「8」字，因為 8 與「發」音近，以下是8種柬埔寨人愛吃的街頭小吃，您又喜歡哪一種？

夠傳統的 Amok

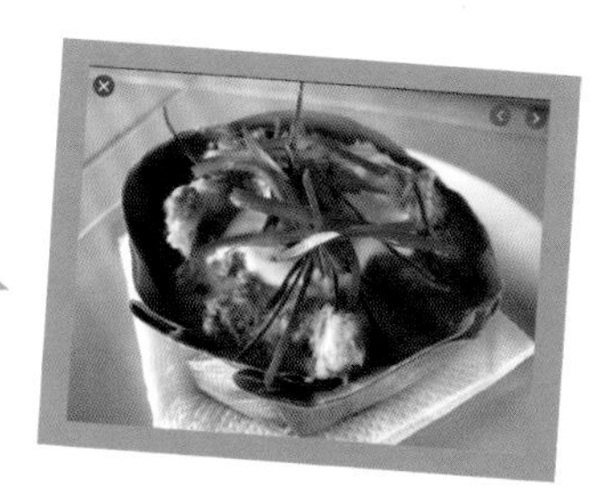

裹了蕉葉來烤的魚或肉，與椰漿、檸檬葉...是高棉傳統菜，惹味十足。

夠醒「晨」的 蟹湯米線

蟹湯或蝦湯米線是柬埔寨人早餐的精品，濃湯配上爽甜的豆芽香菜，正！

夠酸甜的 Khmer Sour Soup

酸菜跟魚或肉混煮，加上魚露，醋辣椒等，酸酸甜甜， 令人食指大動。

夠地道的 烤臘腸

柬民腌制、天然生曬的牛肉臘腸，炭烤後配上涼拌腌菜，夠地道；又消暑。

夠Fusion的法棍三明治

來一客酥脆的法棍，配上柬式烤肉、大蔥、醃木瓜、蘿蔔絲，柬法合壁，天下美食。柬民腌制、天然生曬的牛肉臘腸，炭烤後配上涼拌腌菜，夠地道；又消暑。　椰 汁 加 上仙草凍，西米、芝麻、芋頭、紅豆、榴槤或果丁，繽紛悅目，童心至愛。

夠童心的Cha houy teuk(仙草凍)

椰汁加上仙草凍，西米、芝麻、芋頭、紅豆、榴槤或果丁，繽紛悅目，童心至愛。

夠 Guts 吃的鴨仔蛋

未經孵化的鴨蛋，有頭有腳有絨毛...，加入鹽巴、黑胡椒、大蒜便吃，你敢吃嗎？

夠恐怖的炸昆蟲

炸蟋蟀，炸水虱、炸蜘蛛，鮮活即炸，形狀恐怖。據說營養豐富、怯病強身，絕對是萬聖節大餐最佳選擇。

吃喝玩樂QR Code

訂機票
租酒店
「打的」APP
付款App
https://www.sky-scanner.com.hk/
https://www.book-ing.com/index-.zh-tw.html
https://www.gr-ab.com/sg/down-load/
https://www.pi-pay.com/the-ap-p#step-in-to-pi-pay

3.醫療及保險

柬埔寨醫療由衛生部（Ministry of Health,簡稱 MOH）管轄，包括藥局、私人醫院、醫療專家等。據世界衛生組織(WHO)　2015年統計，柬國約有1,400座公立醫院，合格的私立醫院及診所有5,500家。

柬埔寨的醫療資源分配嚴重不均，醫療人員約2萬名（主要是護士及助產士），98%以上集中在市區，其中有2/3的公立醫療人員在外兼業（雙重執業），因此MOH希望在2020年前增加醫護人員至32,000名。公立醫療體系主要負責生育控制、母嬰健康、大型傳染病防治，而私立醫療體系多負責一般治療。

柬埔寨公營醫療體系統共分三級：

<table>
<tr><th>級別</th><th>醫療機構</th><th>工作範圍</th></tr>
<tr><td>第一級</td><td>健康中心
（Health Centres）</td><td>主要提供母嬰健康服務，如施打疫苗、營養教育、乳房疾病篩檢等</td></tr>
<tr><td rowspan="2">第二級</td><td>轉診醫院
（Referral Hospitals）</td><td>接收來自健康中心的病人，提供門診、手術或住院服務，一般設有X光儀、超音波及實驗室等較完備的醫療設施。</td></tr>
<tr><td>省立醫院
（Provincial Hospitals）</td><td rowspan="2">提供婦科、兒科、結核病等專科服務，但在血液及腫瘤科等較專精的科別則仍在發展中。</td></tr>
<tr><td>第三級</td><td>全國/中央醫院
（National/Central Hospitals）</td></tr>
</table>

自2010年起，MOH在網路上建置了「全國健康資訊系統資料庫」（Health Management Information System,簡稱HMIS），全國55家轉診醫院、24家省立醫院、8家中央醫院和2家NGO醫院已經使用電子病歷系統，不過鄉村地區的健康中心仍不能使用HMIS。近年私人醫院與診所相繼成立，例如醫藥巨人Sanofi已在柬埔寨24個省份設立中心。

醫療保險方面，柬埔寨目前沒有強制性購買全民健康保險的制度，私人健康保險的投保率不超過總人口5%，投保者多為中產階級。柬埔寨只有針對特定對象而設的保險基金，包括 ：

保險基金	對象
國家社會保障基金（National Social Security Fund, NSSF）	主要是私人部門/僱主為員工強制投保而購買的健康保險，為僱員發生職災時獲得一定補償而設。
公務員國家社會安全基金(National Social Security Fund for Civil Servants)	以公務員為主要投保對象。
健康平等基金（Health Equity Funds）	為赤貧人士（每日薪資約為0.61美元者）提供醫藥服務，目前已涵蓋全國75%的給付對象。
其他小型自願性健康保險	包括私人營利性的健康保險、非營利的社區健康保險計畫（Community-based health insurance, CBHI），但投保率不高。

過去十年，柬埔寨購買人壽保險比率只有總人口的3%，甚具發展潛力。柬埔寨現有約10家人壽保險公司，包括：柬埔寨加華銀行和泰國人壽保險公司合資的金城人壽保險公司、柬埔寨富通(FORTE)保險公司，英國保誠(Prudential)、柬埔寨友邦 (AIA Cambodia Life Insurance Plc.)和柬埔寨壽險(Cambodia Life)等。

4.應急電話及通訊

(1)柬埔寨固定、行動電話收費便宜，當地手機為單向收費。外國手機直接換上柬埔寨SIM卡即可使用。
(2)國內撥打柬埔寨當地座機電話，撥：00855+去掉"0"後區號+電話號碼。
(3)柬埔寨當地手機都以0開頭，從國外撥打柬埔寨手機時，撥00855+去掉首位 "0"後的手機號碼。
(4)以下電話按照從柬埔寨打出狀態標示。

A 緊急求助電話

單位	電話
香港人民入境事務署(24小時求助熱線)	(852)1868
柬埔寨 報警	117、118
柬埔寨急救 (叫救護車)	119
柬埔寨消防局 (火警)	666
柬埔寨外國人求助熱線	031-2012345/ 031-6012345
金邊市員警局救援	012-923923
金邊市員警局值班室	012-999999
金邊旅遊警察電話	012-942484
暹粒外國人報警熱線	031-3749851
暹粒旅遊警察熱線	012-402424
西港警局華語求助熱線	011-506677,011-516677,011-526677
中國駐柬埔寨使館領事(保護與協助)	023-210206
中國駐柬埔寨使館駐暹粒領事辦公室(24小時領事保護與協助電話)	078-946178
（暹粒領辦區域範圍：暹粒省、磅通省、柏威夏省、奧多棉吉省、班迭棉吉省、馬德望省）	078-946178
中國外交部領保與服務應急呼叫中心	+86-10-12308, +86-10-59913991
中保華安（柬埔寨）安全服務中心	023228811

B 政府部門

單位	電話	電子郵箱	網址
外交與國際合作部	023-214441 023-216122	mfaic@mfa.gov.kh	https://www.mfaic.gov.kh
內政部(員警總署、移民局隸屬該部)	023-721905 023-726052 023-721190	info@interior.gov.kh	www.interior.gov.kh
旅遊部	023-884974	info@tourismcambodia.org	http://www.tourismcambodia.org
公共工程與運輸部	023-427845	info@mpwt.gov.kh	www.mpwt.gov.kh
海 關	023-214065	info-pru@customs.gov.kh	www.customs.gov.kh

5.1 疫情下創造奇蹟的 Gordon

IT公司老闆 Gordon

Gordon是一位IT 人，在香港已開設了一間IT公司。兩年前，他經過大約6個月的研究，最後落戶柬埔寨金邊，開設了第一間分公司，他的公司獲得微軟(microsoft)的特許經營權，專責向不同的企業銷售微軟電腦系統，並負責建立、維修，及做員工培訓。在新冠肺炎疫情下，他的生意做得風生水起，甚至遍達東盟國家。2020年第一季度，單是柬埔寨的生意額已經增長多於100%。

記　者：你當初為何會選擇在柬埔寨開設分公司呢？

Gordon：主要是2018年中美貿易戰後，我發現公司的生意額開始有放緩跡象。加上，我有些在內地設廠的客戶都搬了去柬埔寨，於是便去柬埔寨考察。而在考察時，機緣巧合，結識了現在柬埔寨分公司的合伙人。他是一名在柬埔寨出生，六年多前才從澳洲「海歸」回柬埔寨的華僑，由於他在IT方面有相當豐富的經驗，於是我倆一拍即合，開始籌組柬埔寨的分公司。

記　者：那麼你多次考察時，發現柬埔寨有甚麼有利IT發展的？

Gordon：首先，柬埔寨是用美元結算，免除了匯率浮動的問題。而且資金匯出、匯入都好自由，這對IT行業，非常重要。

其次，在柬埔寨聘請IT專才，薪金較香港便宜，而且質素不錯。例如在柬埔寨聘請一名就讀本科YEAR 3的大學生到公司實習，每月只需250美元，畢業後的大學生，根據經驗及能力只需400至700美元。而且，年青一代的柬埔寨大學畢業生，不論在IT技能，例如在編程或英語能力方面，表現都很好，不過大多經驗尚淺，對不同行業的需求和認知不足，這方面仍需要積累經驗，加強學習。

第三，柬埔寨政府不論在稅收寬減或是土地政策上都很支持IT行業發展。例如在稅務方面，由於柬政府已與港府簽訂了《全面避免雙重關稅協定》，於是在利得稅方面可以由15%減至10%。而在土地政策方面，當柬政府知道我們有意在當地發展IT培訓中心，都願意撥地以幫助發展，當然，這必需有詳盡的計劃，交由柬埔寨發展理事會(CDC)審批。

第四，不論是柬政府部門或是私營機構，都有實則提升電腦系統的需求。先說政府方面，相信有用過柬政府網頁的朋友，都知道現時只有柬文，功能也過於簡單，數月前，柬政府其實已經向IT業界表示，有意提升各部門的電腦系統。至於私人機構方面，大量的外企湧入，自然有設立公司電腦系統的需要。加上，柬政府已落實多項稅務改革方案，所以有很多跨國企業都要按柬埔寨的法律，把公司的電腦系統升級。

第五，柬埔寨本土研發軟件及電腦系統的IT公司，規模不大，而且多數仍處於創始階段，相對本公司擁有微軟(microsoft)特許經營權，我們不只享有品牌效應的競爭優勢，而且更重要的是，我們具備香港公司團隊一向擁有快速驚人的執行力，於是贏得商譽。

第六，柬埔寨政府有關電腦系統設立的法規，遠較越南、中國國內地等更為疏鬆自由。在工作時，可以發揮同「走棧」的空間比較大，亦方便了IT行業的工作。

第七，柬埔寨作為東盟十國之一，獲得美國給予惠普制(GSP) 的關稅優惠，因此在柬埔寨向micosoft 購買認證的價錢比在港澳地區購買優惠得多。例如：相同的認證，以前在港澳地區購買就要每個40港元，很多發展中的國家例如越南、老撾、緬甸或者一些小微企可能會負擔不來，但現在在柬埔寨購買，只需要2.5美元(約20港元)， 大家就用得起，因此，在柬埔寨設立分公司，有利於我們把業務幅射到東盟十國，令更多小微企獲益。就像去年，我們便為泰國水務局服務。同時，因為相關的電子認證，亦適用於港澳地區，於是柬埔寨的業務就可以與香港的業務產生協同效應，互相幫助。

記者：真是「成功非僥倖」。聽了Gordon的一席話後，真是「勝讀十年書。」

Gordon ，如果要你用三個詞語，概括一下貴公司的特長，你會用哪三個詞語？

Gordon：敝公司叫Cloud Logic，用孫悟空的「筋斗雲」做logo。孫悟空的「筋斗雲」有三大特色，第一個是：「神速」，做IT 公司，要為客戶提供最快捷到位的服務，為客戶第一時間解決問題，所以「兵貴神速」。而我要感謝我公司的團隊，因為他們多年以來特別出色的執行能力，令到我們在柬埔寨發展的分公司可以火速脫穎而出。「筋斗雲」第二個最大的特色是：要夠「專業」，孫悟空要翻得動筋斗雲，必需有卓越的騰雲駕霧能力，就好似我們做IT，必需掌握最尖端、最專業的IT技術，方能為我們的客戶提供最好的方案。

「筋斗雲」第三個最大的特色是能夠做到「無遠弗屆」。我期望透過為不同地區的企業或政府建立良好的電腦系統，讓一些比較貧窮落後的地方，能夠與國際接軌。與此同時，將好像microsoft一樣已經國際化、一統化的軟件或者認證，能夠按照不同區域、不同人民的需要，務實有效地按不同國家的體制、法律或需求，做好本地化的工作，令公司的電腦系統和服務，能夠在不同的國度，落地生根、發芽成長，所以我會用：「神速、專業、無遠弗屆」來形容我的公司。

5.2 有車有樓有事業的 Alice

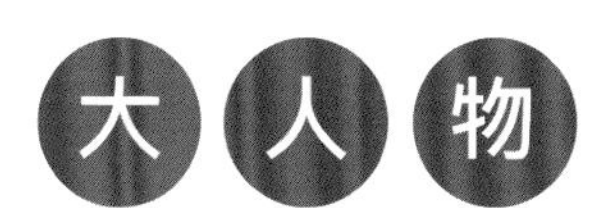

大人物小檔案

Alice(正中)和她的柬埔寨朋友

Alice ，香港出生的90後女生，大專畢業後，被公司派往菲律賓工作半年。後來因為公司在柬埔寨設廠，4年前被派往柬埔寨工作。現已是公司的行政管理人員，在柬埔寨有車有樓有事業。

記者：Alice, 我知道你先後去過菲律賓同柬埔寨工作，你覺得兩地的同事有甚麼分別？

Alice：據我之前所見，菲律賓人辦事比較有效率，會變通，即所謂「轉數快」(思想敏捷)，但是不及柬埔寨人純樸、忠誠同正直。柬埔寨人比較肯學習，只要你有點耐性，跟他們講清楚怎樣做，用心教教他們，大多數的柬埔寨人都會按照你的要求去辦事。

記者：那麼，作為一位女生，初時要來柬埔寨工作，可有擔心治安上的問題？

Alice：起初家人不清楚柬埔寨的真實情況，會有些少擔心。加上，我初來時，因為公司要在柬埔寨設廠，廠房自然是設立在郊區，不如市中心般繁榮。但是在廠區附近其實都很安全，當然，你不能夠三更半夜一個人周圍去吧！現在，公司的辦公室設立在金邊市，我晚上和同事出去消遣，夜歸回家也很安全。唯一不同的是：這兒的食肆、酒吧、KTV只會營業至深夜一時，不似香港般會通宵營業。

記者：作為女性，你來到柬埔寨工作會否受到歧視？你覺得柬埔寨的女性地位如何？

Alice：我反而覺得柬埔寨的女性地位頗高。我不知道這跟柬埔寨曾經是法國殖民地有沒有關係，還是與近年有很多外國人來這兒工作有關。不過他們傳統習慣上，女子結婚後，男方會搬去岳父、岳母家中居住。我覺得女性在這兒工作，完全不會被歧視。而且，柬埔寨的女性，結婚後大多數仍然會繼續工作，不一定只留在家中做家庭主婦。像我的女性好朋友，開設教人焗製蛋糕的工作室，從來沒有試過被歧視或者受到騷擾。

記者：假如有人要來柬埔寨工作，你對他們有甚麼忠告?

Alice：我覺得最緊要是理解當地的文化，懂得互相尊重。例如：柬埔寨人大多是佛教徒，你不能夠怕打他們的頭，這是非常不尊重對方的行為。除此以外，柬埔寨人比較懂得享受生活，性格比較樂天，有些宗教大節日，他們不一定肯為了賺多些錢便加班工作。

5.3 落地生根的 Sam

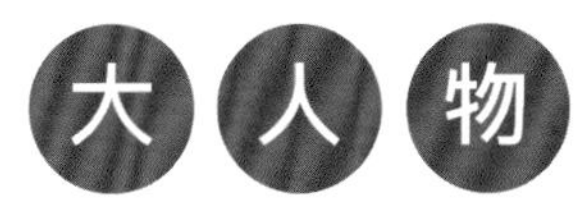

Sam哥全家福

Sam, 80後，典型土生土長香港人，本來是一名保險從業員，與父母同住在黃大仙。2016年，他跟隨上司到柬埔寨考察，因而愛上了柬埔寨的生活。2018年，他隻身來到柬埔寨工作，兩年多前結識了女朋友，去年在柬埔寨娶妻生女、落地生根，現為地產中介。

記者：Sam，一般人會認為柬埔寨比香港落後，你來了柬埔寨後，適應方面有困難嗎？

Sam：其實我在金邊生活，無論衣、食、住、行都同香港差不多。大家以為柬埔寨好落後，全因為不了解柬埔寨近年已經發展得很快，現在在金邊「叫車」可以用Apps，買個麪包都可以用Pi-pay或者其他電子支付工具，十分方便。

記者：在柬埔寨生活用美元，生活費會不會比香港昂貴很多？

Sam：我覺得豐儉由人。以食飯為例，你可以去像香港大排檔一樣的地方吃飯，價錢便宜到你不相信。當然，你要容忍沒有冷氣。如果你想吃好一點，中式、日式、韓式、泰式、法式、港式，式式俱備，當然你要去高級大餐廳吃晚飯，收費同香港差不多，有些甚至比香港更昂貴。近年，香港人熟悉的太興、香港茶餐廳、老地方等食肆，在金邊都有分店，而且發展得很好。至於我，自從結婚後，有了囡囡，太太多數自己煮飯，如果我想吃中餐，AEON Shopping Mall (永旺超級市場)大到可以「行」足一日，應有盡有。

記者：你在柬埔寨的生活如此寫意，是不是因為你是外國僱員，薪酬比當地人多，才可以這樣？

Sam：當然不是，試問有哪位老闆肯花錢請一個沒用的員工？我在這兒的收入也只是中下階層吧。你別看輕柬埔寨年輕的新一代，「海歸」的不在話下，現在有不少在柬埔寨剛畢業的學生，外語能力、辦事能力都很好，他們已經迅速成為柬埔寨的新力軍。現在，很多柬埔寨人都知道學多種語言，就有能力賺多點錢，下班後都會繼續去上課。當然，柬埔寨仍有不少來自農村，低學歷、欠技術的勞工，他們初來金邊，只能從事體力勞動或者不需要技能的工作，但是由於外資機構近年不斷湧入，他們找工作並不困難，只要肯做，生活根本不成問題。

記者：你介意披露你或者你的同事，現時每月的薪酬大約有多少嗎？入職的要求又如何？

Sam：以我的同事為例，如果廿歲剛剛畢業，會用電腦，能做文員工作的，假如只懂說柬語，一般只能賺300- 400美元，如果再加上懂得英語，每個月會加多200美元，即500 至 600美元，如果除了柬語、英語外，再會其他一種外語，例如：華語(普通話)，法語、日語、韓語等，一般每月最少有800-1000美元。

記者： 每月賺800至1000美元(約港幣6000-8000元)，試問年青一代怎可能買得起房子呢？

Sam：如果柬埔寨的樓宇，好像香港一樣「超昂貴」，當然是買不起！不過，金邊現時的樓價尚算便宜。一個中等質素500多呎的單位，售價大約2500美元每平方米(約港幣約2000元/呎)，夫妻倆如果每月賺 1500-2000美元，其實已經夠錢供樓。加上，近年外資機構不斷湧來柬埔寨，好多中高層管理或者技術人才，每個月起碼賺3000美元，他們留在柬埔寨工作，都有住房的需要。

記者：如此說來，柬埔寨對房屋的需求都很大呢！

Sam：　當然啦。柬埔寨人七成多是35歲以下，未來10幾年仍是結婚的高峰期。柬埔寨年輕人跟香港人一樣，結婚後都想過二人世界，比較喜歡住有會所、設備好的屋苑。現時，柬埔寨的房地產具升值潛力，租金回報率又高，有錢的柬埔寨華僑、本地人都會購買房子投資收租。像我現時自住的單位，500多呎，疫情前，每月可收到700美元的租金，即使現時受疫情影響，租金每月也有400-500美元。

記者：Sam，如果有朋友同您一樣，想與柬埔寨人結婚，要辦甚麼手續？

Sam：最緊要是向香港政府申請一張「寡佬證」(無結婚記錄證明書)，才可在柬埔寨結婚。結婚後，要一起居住滿3年，當中最少在柬埔寨居住一年，才可以入籍，所以我現在仍不是柬埔寨人，有錢只可以買二樓以上的房屋，不可以獨資購買土地。

記者：在柬埔寨結婚，跟在香港結婚，有甚麼不同的習俗或者有趣的事？

Sam：最不同的是，柬埔寨是個佛教國家，九成以上的柬埔寨人都篤信小乘佛教。因此，無論是訂婚或者結婚，都要請僧人做法事，以示祝福。而最特別的是：結婚最體面、最夠排場的婚宴，不是在酒店或大酒家設宴，而是在大街上大排筵席，因為向政府預訂街道結婚，費用最少就要1萬美元，能夠在大街上設宴的，自然是非富則貴了。

八 商會篇 - 柬埔寨華商總會

柬埔寨華商總會(CCCA)會徽

成立背景

柬埔寨華商總會（CCCA）是香港主要的華人協會之一，成立於2021。由首席執行官、高管、投資者、行業領袖、企業家和柬埔寨皇室成員組成。通過CCCA強大的地區網絡、多年的實際經驗和專業知識，增進香港、中國內地、臺灣及澳門商賈在柬埔寨的商業機會，並聯繫各會員，讓會員有更多選擇，更大的商業發展空間。透過本會的市場推廣及協助，會員將更容易涉足東盟市場。

商會使命

我們的使命，除了讓所有會員在商業上有長足的發展之外，更希望會員們透過彼此合作，共同構建一個完善的營商環境，進而服務當地社群，履行社會責任，提升專業形象，以提升商譽。為達成我們的使命，我們將積極履行以下各點：

- 促進貿易及工業發展。
- 支持初創企業。
- 代表公共部門參與政府的政策制定和實施。
- 參與社區發展工作。
- 促進國際間的瞭解和合作。
- 履行社會責任。
- 透過教育及培訓，令企業管理人員獲得最新的專業知識和管理技能
- 與本地及世界各地機構建立伙伴關係，開拓營商機會。
- 塑造商會及會員的專業形象，提升全球商譽。
- 收集、分析及發佈最新有關香港中小型企業所面對的考驗和商機，謀求適當的商業對策。

商會宗旨

我們的宗旨是提升會員們的軟實力，維護會員權益，使本會成為受政府信任和具影響力的組織，從而提升競爭力。

- 處理各會員共同關心的問題。
- 提供一個交流及資訊分享的平台。
- 成為受政府信任和具影響力的組織。
- 鼓勵會員參與香港社會及國際商業事務。
- 推廣商會的核心價值。
- 提升企業競爭力。
- 拓展商機。
- 維護及爭取中小型企業之權益。
- 促進會員間業務上的合作及溝通。

會員資格

入會條件：

- 在柬埔寨營商或工作的人士
- 有意前往柬埔寨營商投資或工作人士
- 經本會核準者

會員權益

- 提高個人及商品的知名度，並獲得相關的宣傳服務。
- 通過我們的會員優惠計畫，享受折扣及優惠。
- 可與我們協會會員分享貴公司的最佳產品。
- 享受商務服務優惠(例如：簽證、招聘、培訓等）。
- 商會每月會舉行各類型的活動，以滿足會員的需要。包括：收集會員及各中小企業的意見，對政府政策作出回饋；舉辦學術座談及研討會；組織各類業務考察團；舉行各類型展覽；舉辦康樂及聯誼活動；出版會訊等。

核心價值

我們的核心價值，是以會員的利益為本，促進會員之間協同合作，資源共享，營造商機。我們更會努力創建多樣性和包容性的環境，提供互相學習和分享的平台，以利促進創新。

會員至上

我們首要的是服務會員。通過本會的組織和資源整合，為會員帶來最大的商業價值。

協同合作

我們通過協商及資訊共享，與不同行業的成員、志同道合的組織和商業團體合作，積極解決各項商業問題，締造商機。

多樣性與包容性

我們努力創建一個跨地域、種族、文化、行業、身份、性別和經驗的平台及社區組織，並與同行商會、協會及政府合作，體現多元文化和包容的重要。

創 新

我們努力創新，以身作則，與會員分享CCCA在各個領域的卓越成就。為來自不同行業的成員，提供一個互相學習及分享的平台。

堅守初心

我們堅守原則，以負責任的態度，以證據為基礎作出決策，令不同地區的商界利益產生協同效應。同時，對我們的成員負責，主動溝通、匯報本會各項行動及結果。